Michael Scheler

DRIVING OFF THE ROAD.

Wie du richtig im Gelände fährst.

DIE GELÄNDE-FAHRSCHULE FÜR OFFROADER

Grundlagen, Fahrtechniken und Tipps

pietsch

Impressum

Alle Fotos und Grafiken im Buch von Katrin und Michael Scheler.

Ausnahmen: Seite 20: Mitsubishi Pressedatenbank, Seite 24 unten: Mitsubishi Pressedatenbank, Seite 25 unten: Jaguar Land Rover Pressedatenbank, Seite 74: Krzystof Presz, Seite 76: Krzystof Presz, Seite 83: Martin Zink, Seite 84: Jaguar Land Rover Deutschland, Seiten 95 & 97: Björn Schulz, Seite 203: Jaguar Land Rover Deutschland.
Grafik Seite 137: Patrik Nadler
Coverfoto: Red Rock Adventures

Eine Haftung des Autors oder des Verlages und seiner Beauftragten für Personen-, Sach- und Vermögensschäden ist ausgeschlossen. Das vorliegende Buch wurde sorgfältig erarbeitet. Dennoch erfolgen alle Angaben ohne Gewähr. Weder Autor noch Verlag können für eventuelle Schäden, die aus den im Buch gegebenen Hinweises resultieren, eine Haftung übernehmen.

ISBN: 978-3-613-50923-8

1. Auflage 2023

Sie finden uns im Internet unter www.pietsch-verlag.de

Lektorat: Niko Schmidt
Einbandgestaltung: Kornelia Erlewein
Layout und Satz: tebitron gmbh, Gerlingen
Druck und Bindung: Graspo CZ, 76302 Zlín
Printed in Czech Republic

Inhalt

Vorwort

Liebe Leser, liebe Geländewagenfans,

eigentlich wollte ich dieses Buch nie schreiben. Dass ihr es nun in den Händen haltet, ist der Beweis, dass es anders gekommen ist. Doch warum wollte ich kein Buch darüber schreiben, wie man mit einem Fahrzeug im Gelände fährt? Das ist doch wichtig. Schließlich unterscheidet sich das Fahren im Gelände doch massiv vom Fahren auf der Straße. Tipps, wie es geht, helfen doch denen, die auch abseits des Asphalts unterwegs sein wollen.

Die Antwort ist einfach: Ich halte ein professionelles Fahrtraining bei einem Anbieter für Offroad-Fahrkurse, -seminare und -trainings immer noch für den besten und vor allem sichersten Weg, wenn man lernen will, wie es richtig geht. Ich selbst habe nicht so angefangen – meine Fehler gemacht, mein Lehrgeld bezahlt. Zum Glück hielten sich die Kosten in Grenzen. Ein kaputtes Rücklicht hier, eine defekte Lichtmaschine da, ein leicht deformierter Kotflügel dort. Um den Motorschaden nach einer falsch angegangenen Wasserdurchfahrt, bei der das Wasser munter über die Haube schwappte, bin ich mit sehr viel Glück herumgekommen.

Ich habe also mühsam gelernt. Später habe ich dann eine Weile selbst Fahrseminare gegeben und Tourguide-Trainings durchgeführt. Auch dabei habe ich wieder festgestellt, dass ein Training der bessere Weg ist. Daher hatte ich immer die Befürchtung, dass Bücher wie dieses dazu verleiten können, kein solches Training zu absolvieren. Daher wollte ich es nie schreiben.

Doch zur Praxis gehört nun mal auch die Theorie. Sei es, um das Gelernte zu vertiefen, einfach immer mal wieder Wissen aufzufrischen oder unterwegs schnell mal etwas nachschlagen zu können. Zum Beispiel die richtige Handhabung eines Greifzugs. Oder des Hooists. Noch nie gehört? Kaum verwunderlich, denn er wurde erst 2022 vorgestellt, und mein Buch dürfte das erste Buch sein, in dem erklärt wird, wie er funktioniert.

Ich hoffe ihr findet in *Driving off the Road* wichtige Tipps, die euch beim Fahren im Gelände weiterhelfen oder dazu breitragen, die eine oder andere brenzlige Situation zu vermeiden.

Mit herzlichen 4x4-Grüßen

Euer Michael

Einleitung

Wer mit seinem Fahrzeug im Gelände unterwegs ist, stellt schnell fest, dass Veranstaltungen wie die Dakar-Rallye genauso wenig mit der Realität zu tun haben wie ein Formel-1-Rennen mit dem Fahren auf der Autobahn. Auch im Gelände sind Umsicht und Regeln Trumpf. Doch was gibt es denn zu beachten, wenn man im Geländewagen sitzt und es endlich losgehen soll? Was ist wichtig, bevor man losfährt, was beim Bergauf- und beim Bergabfahren? Wie schräg kann man einen Offroader stellen, bevor er kippt?

In *Driving off the Road* beschreibe ich die Grundlagen für das Fahren im Gelände und die richtigen Techniken sowie das richtige Verhalten beim Bergen von Fahrzeugen. Die einzelnen Fahr- und Bergesituationen habe ich zur Veranschaulichung mit meinem Team nachgestellt und mit der Kamera festgehalten. Dennoch: Das Lesen und intensive Studieren dieses Buches kann die Praxis nicht ersetzen. Sie gehört zwingend dazu.

Oft findet man in Internet-Foren oder auf Social-Media-Plattformen Fragen wie „Ich bin Gelände-Neuling und will am kommenden Wochenende mal in den Offroad-Park. Was muss ich beachten?". Die Antworten dazu reichen von „haarsträubend" bis „absolut sinnvoll". Leider bevorzugen viele die vermeintlich preiswerte Variante ohne Offroad-Fahrkurs, befolgen die zweifelhafteren Tipps und stürzen sich voller Vertrauen in die Technik ins erste Gelände-Abenteuer.

Dabei ist nicht nur die Gefahr groß, sich aus Unwissenheit oder falschem Vertrauen in die Geländewagen-Technik Schäden am Fahrzeug zuzuziehen. Viele Videos, die man im Internet findet, beweisen, dass es auch für Leib und Leben gefährlich werden kann. Und leider sind auch auf deutschen Fahrgeländen schon Personen ums Leben gekommen. Da wird der harmlose Samstagsausflug ins Gelände schnell zum schrecklichen Horror-Wochenende.

Nüchtern betrachtet stellt das Geländefahren ohne gute und ausführliche Einweisung die denkbar schlechteste Variante dar, ins Offroaden einzusteigen. Genau wie beim Fahren auf der Straße gibt es Dinge, die man beachten, die man lernen und verinnerlichen sollte. Das geht am besten bei Profis, bei Fahrtrainern, die wissen, wovon sie reden und die wissen, was im Gelände geht und was nicht geht.

Daher ersetzt auch dieses Buch kein Fahrseminar! Es ist vielmehr dazu gedacht, Offroad-Neulinge auf die wichtigsten Verhaltensregeln hinzuweisen und bei den „alten Hasen", die schon alles kennen, Wissen aufzufrischen. Sogar ich, der bereits viele Kilometer abseits der Straße abgespult und früher selbst Offroad-Fahrkurse gegeben hat, bin immer wieder erstaunt darüber, worauf ein erfahrener Trainer hinweist, wenn er bei einer Geländefahrt neben einem sitzt. Ein gutes Beispiel dafür sind die Land-Rover-Presseveranstaltungen. Beim Fahren im Gelände sitzt dort immer ein erfahrener Land-Rover-Instruktor neben einem, der einen schon mal auf den einen oder anderen Fehler hinweist. Tatsächlich sollte man nicht unterschätzen, wie im Laufe der Zeit kleine Fehler unbemerkt Einzug halten können. Fehler, die schnell unverzeihlich werden können, obwohl man weiß, dass es anders besser geht.

Doch zurück zur Theorie: Ich wünsche euch viel Spaß beim Lesen von *Driving off the Road* und noch mehr Spaß beim Fahren im Gelände.

Allzeit eine Handbreit Luft unter dem Diff!

Grundlagen – bevor es losgeht

- Fahrseminar besuchen
- Nie allein ins Gelände
- Ladung sichern
- Sitzposition und richtige Handhaltung am Lenkrad
- Allradantrieb und Untersetzung
- Böschungs- und Rampenwinkel
- Sperren
- Luft ablassen
- Gelände erkunden
- Sich einweisen lassen
- Schwierige Passagen umfahren
- Hilfsmittel suchen
- Den Rückweg antreten
- Vorausschauend fahren

Vor der Fahrt sollte man sich zunächst mit dem Fahrzeug vertraut machen. Wo sitzt das Differential als tiefster Punkt, wo die Ölwanne? Sind die wichtigsten Fahrzeugdaten bekannt? Wattiefe, Abmessungen, Böschungswinkel, Rampenwinkel? Über welches Allradsystem verfügt der Wagen? Hat er Permanent-Allrad oder muss ich den Allradantrieb zuschalten? Wie legt man die Untersetzung ein? Wie gut ist die Verschränkung, verfügt der Offroader über Achssperren, und wie legt man die ein? All diese Dinge sollte man wissen, bevor man das Lenkrad in Richtung Gelände dreht. Auch die Frage, ob alles Notwendige an Bord ist, sollte man vorab geklärt haben. Dazu zählen Wagenheber, Reserverad, Bergegurt und Schäkel, Schaufel, Feuerlöscher und eventuell auch etwas Werkzeug sowie das eine oder andere Ersatzteil. Außerdem sollten all diese Dinge, das übrige Gepäck und vor allem Kleinteile gut gesichert sein. Im Wagen darf nichts herumfliegen können, wenn es den steilen Berg hinauf, den langen Abhang hinab oder in die Schräge geht. Denn selbst kleine Dinge wie das Handy können zum Geschoss werden und Schäden und Verletzungen verursachen.

Auf manchen Strecken, wie im Sand oder auf schlammigen Wegen, kann es zudem sinnvoll sein, den Reifendruck abzulassen, um die Aufstandsfläche der Reifen zu erhöhen und das Ausschleudern von Dreck zu erleichtern. Dafür sollte man wissen, wie das effektiv funktioniert und vor allem so, dass später alle vier Räder den gleichen Reifendruck haben. Außerdem sollte man wissen, welcher Reifentyp auf dem Offroader montiert ist und was er im Gelände leisten kann. Mit einem Straßenreifen kommt man lange nicht so weit wie mit einem Mud-Terrain-Profil.

Es ist zum einen wichtig zu verstehen, wie die Technik des Fahrzeugs funktioniert und welche Geländefähigkeiten es besitzt, zum anderen aber auch die Beherrschung verschiedener Geländefahrtechniken. Beides zusammen ermöglicht es, auch schwierige Passagen zu bewältigen.

Fahrseminar besuchen

Runter von der Straße, rein ins Gelände. Dahin, wo das Fahren mit dem Offroader so richtig Spaß macht, dahin wo Fahrzeug und Fahrer oder Fahrerin sich richtig dreckig machen können. Doch Vorsicht: Das Fahren im Gelände unterscheidet sich gewaltig vom Fahren auf Asphalt. Ohne Offroad-Training sollte man sich zumindest nicht ins heftigere Gelände wagen. Zu schnell hat man sich etwas am Fahrzeug kaputtgefahren oder sich und anderen Verletzungen zugefügt.

Doch wie fährt man richtig im Gelände? Fragt man als Gelände-Einsteiger in den einschlägigen Foren oder Social-Media-Kanälen nach, bekommt man oft den (schlechten) Rat, dass man doch einfach ein Offroad-Fahrgelände besuchen und sich dort von einem der alten Hasen zeigen lassen solle, wie das geht. Meine ganz große Bitte an dieser Stelle: MACHT DAS NICHT!

Denn das kann ganz schnell schiefgehen. Wie schief, das dokumentiert ein Unglück[1], das 2021 auf einem Offroadgelände passierte und bei dem es einen Toten und einen Schwerverletzten gab, der mit dem Hubschrauber ins Krankenhaus geflogen wurde. Was war passiert? Der Besitzer eines Trophy-Protos hatte einen Freund fahren lassen, der noch nie mit dem Auto im Gelände unterwegs war. Es kam, wie es kommen musste: Ein Fahrfehler und das Fahrzeug stürzt seitlich einen Abhang hinunter. Der nicht angeschnallte Besitzer fällt aus dem Fahrzeug und überlebt seinen Leichtsinn nicht. Der Fahrer muss ins Krankenhaus. So schrecklich das ist, so eindrucksvoll unterstreicht es, wie sinnvoll ein professionelles Fahrtraining gerade für Anfänger ist.

Nach diesem folgenschweren Unfall war das Gelände dann ein halbes Jahr lang geschlossen. Die Behörden verhängten verschiedene Auflagen, und weite Teile des Geländes wurden planiert,

1 Leider war dies nicht das erste derartige Unglück, bei dem Menschen ums Leben kamen.

Checkliste Fahrzeug

Maße	Wert
Bodenfreiheit unter Fahrzeug	
Bodenfreiheit unter Differential	
Bodenfreiheit unter Verteilergetriebe	
Bodenfreiheit unter Ölwanne	
Bodenfreiheit unter Tank	
Böschungswinkel vorne	
Böschungswinkel hinten	
Rampenwinkel	
Wattiefe	
Kippwinkel	
Fahrzeughöhe	
Fahrzeugbreite	
Fahrzeuglänge	

Allradantrieb	ja	nein
Zuschalt-Allrad		
Permanent-Allrad mit abschaltbarer Vorderachse		
Permanent-Allrad		
Untersetzung		
Freilaufnaben		
Traktionshilfen		
Achssperre hinten		
Achssperre vorne		

Achsen und Fahrwerk	
Starrachse vorne	
Starrachse hinten	
Einzelradaufhängung vorne	
Einzelradaufhängung hinten	
Blattfedern vorne	
Blattfedern hinten	
Schraubenfedern vorne	
Schraubenfedern hinten	

	Wert
Achsverschränkung	

Ein Offroad-Fahrkurs ist ein guter Einstieg, wenn man abseits der Straßen unterwegs sein will. Hier lernt man, wie es richtig geht.

damit Krankenwagen künftig schnell zu Unfallorten gelangen können.

Aber auch das eingehende Studium dieses Buchs oder eines anderen Ratgebers zum Fahren im Gelände macht niemanden zum perfekten Geländeprofi. Denn wie sagt man so schön: Alle Theorie ist grau. Und außerdem ist der Unterschied zwischen Theorie und Praxis in der Praxis meist größer als in der Theorie. Daher gilt: Wer ernsthaft ins Geländefahren einsteigen will, besucht ein professionelles Fahrtraining. Anbieter hierfür gibt es mehrere. Sie wissen, was geht und was nicht, und sie vermitteln einem, worauf man beim Fahren im Gelände achten muss und vor allem, welche Fehler es zu vermeiden gilt. Hinzu kommt, dass die Kosten für so ein Offroad-Fahrseminar in der Regel nicht einmal ein Prozent des Fahrzeugwerts betragen. Legt man seinen Offroader irgendwo auf die Seite oder fährt sich etwas kaputt, wird es fast immer teurer. Außerdem ist bei so einem Training mit anderen Geländewagenfahrern jede Menge Spaß garantiert, was ja auch eine große Rolle spielt.

Vor allem, wenn es ins heftigere Gelände geht, sollte man mit mindestens zwei Fahrzeugen unterwegs sein. Bleibt ein Auto stecken, kann es vom anderen geborgen werden.

Nie allein ins Gelände

Bei Fahrten ins Gelände sollte man immer mit mindestens zwei Fahrzeugen unterwegs sein. Bleibt ein Auto stecken, kann das zweite für die Bergung mit einem Bergegurt eingesetzt werden – natürlich nur, sofern es sich nicht ebenfalls festgefahren hat. Daher sollte immer nur ein Fahrzeug in schwierige Passagen hineinfahren. Der Fahrer oder die Fahrerin des zweiten Fahrzeugs wartet ab, ob die Stelle gemeistert werden kann und nimmt sie erst in Angriff, wenn das erste Fahrzeug wieder auf sicherem Boden steht. Der beste Bergegurt hilft nämlich leider gar nichts, wenn niemand da ist, der einen bergen kann. Auch die Sicherheit einer Seilwinde kann trügerisch sein. Ist kein Ankerpunkt vorhanden, zu weit weg oder die Winde an der falschen Fahrzeugseite, hilft auch sie nur bedingt weiter.

Ist man dennoch allein im Gelände unterwegs, sollte man umsichtig fahren und Vorsicht walten lassen. Steckt man fest und kommt mit den eigenen Mitteln nicht mehr weiter, muss man Hilfe organisieren. Das kann ein Anruf bei Freunden sein oder auch die Suche nach dem nächsten Bauernhof, wo man den Landwirt darum bittet, einen mit dem Traktor rauszuziehen. Je nachdem, wo man sich in dieser Welt aufhält, kann sich das jedoch als mehr oder minder schwierig gestalten. Daher ist es besser, eine besonders schwierige Passagen nicht in Angriff zu nehmen, sie stattdessen zu umfahren oder eben den Rückweg anzutreten. Ist man zu zweit unterwegs, hat man, wenn es hart auf hart kommt, immer noch ein Fahrzeug zur Verfügung, mit dem man Hilfe holen kann. Vor allem, wenn die nächste menschliche Behausung weiter entfernt ist.

Ladung sichern

Alles, was an Gepäck und Ausrüstung im Fahrzeug mitgeführt wird, muss im Gelände gesichert werden. Egal ob große Taschen oder nur Taschenlampe oder Handy, alles sollte so verstaut oder verzurrt sein, dass es während der Fahrt nicht im Auto herumrutschen oder gar umherfliegen kann. Denn das Fahren im Gelände ist anders. Hier geht es mitunter ruppig zu.

Im Gelände sollte im Auto nichts lose herumfliegen können. Auch kleine Dinge können schnell zum gefährlichen Geschoss werden.

Man fährt steil bergauf und bergab, man befährt Schrägen, durchfährt Löcher und überfährt Hindernisse. Dinge, die nicht verstaut oder verzurrt sind, werden dabei irgendwann anfangen zu wandern. Sie können aber auch plötzlich zum Geschoss werden. Treffen sie dann Insassen, kann man sich schnell verletzen.

Aber auch, wenn sie nur in den Fußraum fallen, kann man schnell in eine brenzlige Situation geraten. Rutscht das Handy zum Beispiel unter das Bremspedal oder die Kupplung und bleibt dort so liegen, dass man es unweigerlich beschädigen würde, wenn man auf das Pedal tritt, kommt man in Entscheidungsnot. Während der Fahrt mit der Hand danach zu fischen, ist keine gute Lösung, das teure Handy kaputtzumachen aber irgendwie auch nicht. Besser ist es, man hat es also vorher sicher im Handschuhfach oder anderswo verstaut.

Checkliste Ladungssicherung

Airlineschienen im Fahrzeug	Im Fahrzeug fest verschrauben. Danach lassen sich verschiedene Fittings zum Verzurren an beliebiger Stelle einklicken oder Dinge an Zurrschienenmuttern fest verschrauben.
Kisten, Boxen und Taschen	Zum Beispiel für das sichere Verstauen von Gepäck, Ausrüstung oder Bergematerial. Kisten, Boxen und Taschen mit Gurten gegen das Verrutschen sichern.
Organizer für die Rückenlehne	Für Kleinkram und Ausrüstung. Wird an der Rückenlehne der Sitze befestigt.
Sonnenblenden-Organizer	Für Kleinkram und Ausrüstung wie Taschenmesser oder Taschenlampe. Wird an der Sonnenblende befestigt.
Tailgate-Organizer	Für Kleinkram, etwas größere Ausrüstung oder Bergematerial. Grundplatte wird an der Hecktür befestigt, diverse Taschen per Molle-System an der Grundplatte.
Molle-Platten für den Innenraum	Für Kleinkram, etwas größere Ausrüstung oder Bergematerial. Grundplatte zum Beispiel an den hinteren Scheiben oder an einem Hundegitter befestigen, diverse Taschen per Molle-System an der Grundplatte.
Schubladensysteme für den Laderaum	Sorgen dafür, dass Ausrüstung und Gepäck sicher und übersichtlich verstaut sind und nicht lose im Fahrzeug liegen.
Handy- oder Tablet-Halterung	Sorgt dafür, dass die Geräte nicht lose im Fahrzeug liegen. Auf sicheren Halt achten.

Sitzposition und richtige Handhaltung am Lenkrad

Genau wie auf der Straße gilt: anschnallen. Der Gurt sollte dabei auf Schulterhöhe eingestellt sein. Da sich Automatikgurte im Gelände gerne fester und fester ziehen und sich nicht mehr lösen lassen, macht es Sinn, den Gurt nach dem Anschnallen in der Normalposition am oberen Umlenkpunkt festzuklemmen. Das geht zum Beispiel mit einer Verschlussklemme für Gefrierbeutel. Der Sitz wird so eingestellt, dass man eine aufrechte Sitzposition einnimmt, und wird – wenn möglich – möglichst weit nach oben angehoben, damit man einen guten Überblick hat. Lässt sich der Sitz nicht in der Höhe verstellen, kann ein Keilkissen helfen. Die Kopfstütze wird so eingestellt, dass die Oberkante auf Scheitelhöhe liegt. Die Arme sollten beim Lenken leicht angewinkelt sein. Insgesamt sollte die Sitzposition dennoch so sein, dass man sich dabei komfortabel fühlt.

Das Lenkrad wird mit beiden Händen gehalten, die Hände liegen dabei in den Positionen neun und drei Uhr. Besonders wichtig: Die Daumen umschließen beim Geländefahren niemals den Lenkradkranz. Hier besteht Verletzungsgefahr durch das sich plötzlich eindrehende Lenkrad. Das kann auf unebenen Fahrstrecken schnell passieren. Die Daumen liegen beim Fahren daher oben auf dem Lenkrad auf, die übrigen Finger umgreifen es.

Beide Seitenspiegel werden so eingestellt, dass die hinteren Reifen sichtbar sind. So kann man mit einem Blick kontrollieren, ob das Rad in der richtigen Spur läuft.

Eine einfache Verschlussklemme für Gefrierbeutel reicht in der Regel aus, um den Gurt daran zu hindern, sich immer weiter zuzuziehen.

Im Gelände wird das Lenkrad mit beiden Händen gehalten. Die Daumen liegen auf dem Lenkrad und umgreifen es nicht.

Allradantrieb und Untersetzung

Bei Fahrzeugen mit Zuschalt-Allrad wird im Gelände der Allradantrieb eingelegt. Das funktioniert je nach Fahrzeug über einen Schalthebel, per Knopfdruck oder Drehschalter. Bei den meisten Fahrzeugen mit Zuschalt-Allrad wird der Antrieb dabei starr durchgeschaltet. Damit wird die Wirkung eines gesperrten Mittendifferentials erreicht. Bei den Fahrzeugen mit Zuschalt-Allrad gibt es nur ganz wenige, die im Verteilergetriebe auch über einen Permanent-Allrad verfügen. In diesem Fall ist der gesperrte Allrad – meist als „4H" oder „4HLc" bezeichnet – einzulegen.
Bei Fahrzeugen mit Permanent-Allrad wird das Mittendifferential gesperrt. Auch das funktioniert über einen Schalthebel oder Schaltköpfe.

Die verschiedenen Allradantriebe

Was ist das eigentlich, so ein Allradantrieb? Nun, wie das Wort schon sagt, werden beim Allradantrieb alle am Fahrzeug befindlichen Räder angetrieben. Seien es nun vier, sechs, acht oder gar noch mehr. Klingt einfach, ist es aber nicht. Denn es gibt mehrere Arten von Allradantrieben. Manche Fahrzeuge verfügen über einen Permanent-Allrad, andere über einen Zuschalt-Allrad und einige über einen Permanent-Allrad mit abschaltbarer Vorderachse. Aber auch die Technik unterscheidet sich mitunter von Hersteller zu Hersteller, von Fahrzeug zu Fahrzeug. Allen gemein ist jedoch, dass im Allrad-Modus eben alle Achsen und damit alle Räder angetrieben sind. Das bringt Vorteile auf der Straße und auf Schotterpisten, wie Rallye-Urgestein Walter Röhrl einst im Audi Quattro eindrucksvoll bewies. Seine wahren Vorteile spielt der Allradantrieb aber im Gelände aus. Also da, wo es uneben und verworfen ist, wo es steil bergauf und bergab geht. Da, wo man mit nur einer angetriebenen Achse eben nicht mehr weiterkommt.
Bevor wir uns jedoch den verschiedenen Allradsystemen zuwenden, müssen wir noch zwei Dinge klären: Zum einen müssen wir über die unterschiedlichen Geschwindigkeiten sprechen, mit denen sich die einzelnen Räder beim Fahren drehen. Solange wir stur geradeaus fahren, ist die Welt in Ordnung. Alle Räder drehen sich mit der gleichen Ge-

Bei Geradeausfahrt drehen alle Räder gleich schnell.

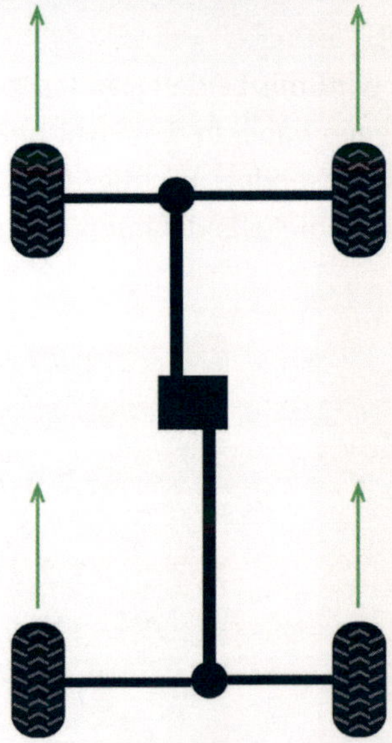

Die Anleitung, wie geschaltet wird, befindet sich im Handbuch des Fahrzeugs und ist meist auf der Sonnenblende oder dem Armaturenbrett als Aufkleber angebracht. Man sollte sich unbedingt damit vertraut machen, bevor es ins Gelände geht. Ist das Gelände heftiger oder geht es bergab, wird die Untersetzung eingelegt. Die Untersetzung ist eines der Haupt-Unterscheidungsmerkmale zwischen Geländewagen und SUVs. Letzteren fehlt allerdings meist nicht nur die Untersetzung, sondern oft auch Dinge wie Bodenfreiheit und Verschränkung. In der Untersetzung fährt der Wagen langsamer, es wird aber mehr Kraft auf die Räder übertragen. Man kann sich das vorstellen wie bei einem Traktor. Das Einlegen der Untersetzung funktioniert nach Herstellervorgabe meist nur im Stand und in Neutralstellung des Schaltgetriebes.

Bei Kurvenfahrt drehen sich die Räder jedoch unterschiedlich schnell. Die inneren langsamer, die äußeren schneller.

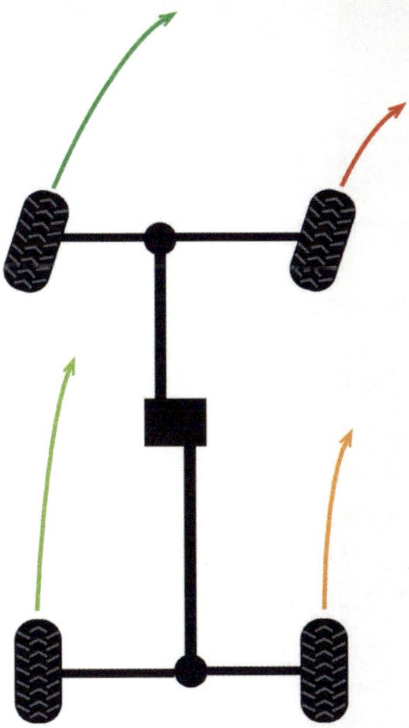

schwindigkeit. Doch wir fahren eben nicht nur geradeaus, sondern müssen auch mal nach links abbiegen oder nach rechts ausweichen. Auf der Straße wie im Gelände. Ab dem Moment, in dem wir das Lenkrad nach links oder rechts bewegen, wird es für eine angetriebene Achse nämlich etwas kompliziert, denn die kurveninneren Räder drehen sich immer langsamer als die kurvenäußeren. Oder umgekehrt: Die kurvenäußeren Räder drehen schneller als die kurveninneren. Sind die Räder nun starr verbunden, ergeben sich Spannungen. Das innere Rad will schneller drehen, kann es aber nicht. Damit das nicht passiert, sorgt ein Achsdifferential in der Antriebsachse für den Ausgleich. Was für kurveninneres und kurvenäußeres Rad gilt, gilt gleichermaßen für Vorder- und Hinterachse. Auch hier drehen sich die Räder bei Kurvenfahrten unterschiedlich schnell. Will man diesen Effekt vermeiden, benötigt man beim Allradantrieb auch ein Differential zwischen den beiden Achsen. Dennoch verfügen manche Fahrzeuge über Allradsysteme, bei denen das nicht so ist. Warum, darauf gehe ich im Punkt Zuschalt-Allrad auf der folgenden Doppelseite ein.

Der zweite Punkt, über den geredet werden muss, ist die Frage, wie die Kraft vom Motor an die beiden Achsen kommt. Dafür ist das Verteilergetriebe zuständig.

Das Verteilergetriebe sorgt dafür, dass die Kraft des Motors an beide Achsen verteilt wird. Je nach Hersteller kommen verschiedene Allradsysteme zum Einsatz.

Das Verteilergetriebe

Das Verteilergetriebe ist in der Regel hinter dem Getriebe angeflanscht. Von hier aus versorgt es die beiden Achsen mit dem nötigen Antrieb. Bei Fahrzeugen mit Starrachse läuft eine Kardanwelle gerade nach hinten, das Achsdifferential befindet sich dort meist in der Fahrzeugmitte. Eine zweite Kardanwelle läuft versetzt nach vorne. Sie wird im Inneren des Getriebes meist über eine Kette angesteuert. Durch den seitlichen Versatz sitzt das Achsdifferential meist in Fahrtrichtung links von der Mitte. Bei Fahrzeugen mit Permanent-Allrad ist im Verteilergetriebe noch ein Differential untergebracht, bei den meisten Fahrzeugen mit Zuschalt-Allrad wird starr durchgeschaltet.

Anders als bei Fahrzeugen mit Starrachse, sitzt bei Fahrzeugen mit Einzelradaufhängung an der Vorderachse das Verteilergetriebe zwar auch hinter dem Getriebe, das vordere Achsdifferential aber eher in der Mitte. Einer der bekanntesten Vertreter ist der Lada Niva. Eine weitere Möglichkeit, alle Räder anzutreiben, ist die Lamellenkupplung, wie sie in den VW-Syncro-Modellen zu finden war. Hier sorgen Lamellen, die sich in einem Ölbad drehen, für die Kraftverteilung zwischen vorne und hinten. Der Kraftschluss wird dabei durch unterschiedliche Drehzahlen der beiden Achsen, beispielsweise auf losem Untergrund und bei durchdrehenden Rädern, automatisch hergestellt. Doch schauen wir uns die unterschiedlichen Allradsysteme genauer an.

Zuschalt-Allrad

Der sogenannte Zuschalt-Allrad ist in den meisten Geländefahrzeugen anzutreffen. Im „Normalbetrieb" sind diese Fahrzeuge mit Hinterradantrieb unterwegs. Die bekanntesten unter ihnen sind der Jeep Wrangler oder der Suzuki Jimny. Will man nun ins Gelände, wird über einen Hebel oder einen Schalter der Allradantrieb eingelegt. Der Hebel schaltet mechanisch, der Schalter nimmt einen Umweg über Strom und den bei laufendem Motor entstehenden Unterdruck, der unter anderem auch für dem Bremskraftverstärker benötigt wird. Der Unterdruck wird in der Regel am Ansaugtrakt hinter dem Luftfilter erzeugt. Die Verbindung zu den Bauteilen, an denen er benötigt wird, erfolgt über Schläuche. Und die sind beim Zuschalt-Allrad ab und zu ein Problem. Sind sie undicht, lässt sich der Allradantrieb nicht mehr zu- oder abschalten. Meist blinkt dann das Allrad-Symbol, statt dauerhaft zu leuchten. Fahrer des Suzuki Jimny FJ mit „Knöpfchenallrad" lernen das früher oder später kennen.

Der Zuschalt-Allrad wird je nach Fahrzeug entweder per Hebel ...

... oder per Knopfdruck eingelegt.

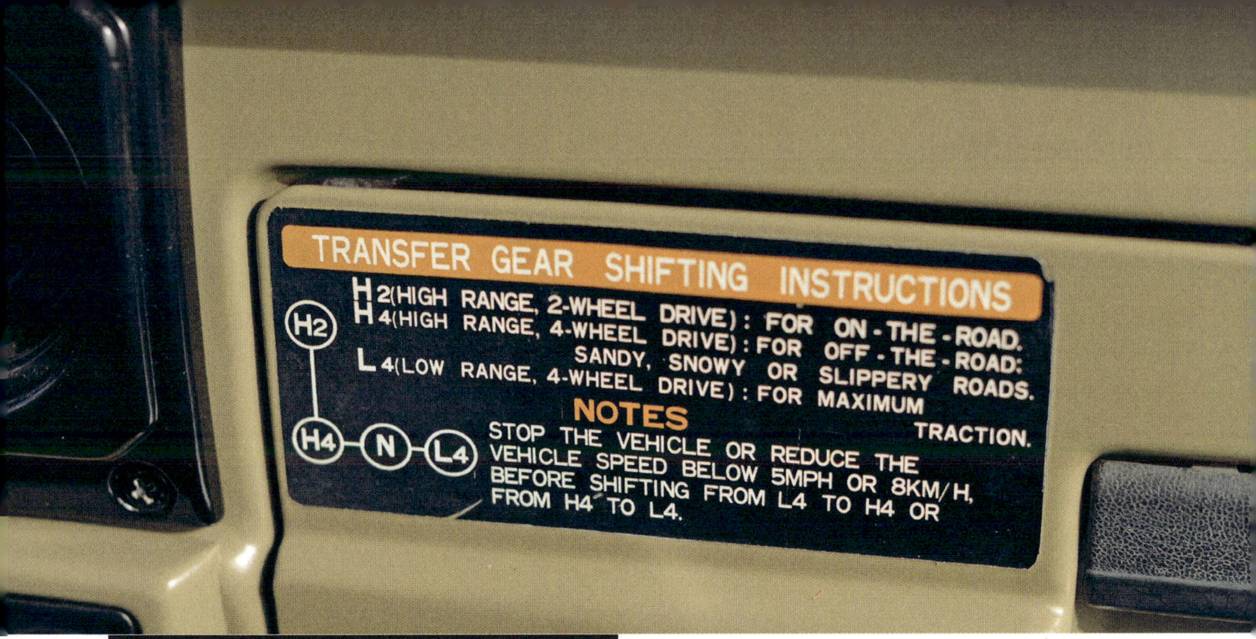

Vor dem Einlegen des Allradantriebs sollte man sich vergewissern, was der Hersteller vorgibt. Oft ist ein gut sichtbarer Aufkleber im Fahrzeug angebracht, der Auskunft darüber gibt.

Der klassische Zuschalt-Allrad verfügt über zwei Allrad-Fahrmodi: 4H und 4L. Das „H“ steht für „High“, das „L“ für „Low“. 4H bedeutet, das Fahrzeug ist mit derselben Getriebeübersetzung unterwegs wie beim Hinterachsantrieb. Das Umschalten von 2H auf 4H kann in der Regel während der Fahrt bis zu einer Geschwindigkeit von 80 bis 100 km/h erfolgen. Bevor man zum ersten Mal den Allrad einlegt, sollte man unbedingt einen Blick ins Handbuch werfen, um zu schauen, was der Hersteller vorgibt. Oft ist das auch auf einem Aufkleber vermerkt, der irgendwo an der Sonnenblende, dem Armaturenbrett oder der Mittelkonsole angebracht ist. Beim Schaltvorgang kurz das Gas wegzunehmen kann für einen sauberen Schaltvorgang übrigens hilfreich sein. Schaltet man auf 4L, was häufig nur im Stand und ohne eingelegten Gang funktioniert, legt man damit die Untersetzung ein. Auch hier sollte man sich zuvor vergewissert haben, was der Hersteller vorgibt (Handbuch oder Aufkleber).

Der größte Nachteil dieses Allradantriebs ist das fehlende Mittendifferential. Da hier starr durchgeschaltet wird, sollte der Allradantrieb möglichst nicht auf der Straße oder auf festen Untergründen eingelegt werden, denn bei Kurvenfahrten verspannt sich der Antriebsstrang. Das ist sehr schnell an einem Radieren der Räder und an einer schwergängigen Lenkung zu merken. Nutzt man ihn trotzdem auf der Straße, können Beschädigungen an den Komponenten des Antriebs die Folge sein. Im Gelände, auf weichen Untergründen oder auf Schnee haben die Räder jedoch die Möglichkeit durchzudrehen, was die Achs- und Kardanwellen sowie die Kegel-, Teller – und Zahnräder in Differentialen und Getrieben entlastet.

Tipp

Der Zuschalt-Allrad sollte einmal im Monat eingelegt und damit wenigstens ein paar Meter gefahren werden. Wird er über längere Zeit nicht benutzt, lässt er sich oft nicht mehr problemlos einlegen.

Permanent-Allrad

Wie die Bezeichnung schon sagt, sind beim Permanent-Allrad alle Achsen dauerhaft angetrieben. Bekannteste Vertreter sind der Land Rover Defender und die G-Klasse von Mercedes. Aber auch Pickups wie zum Beispiel der VW Amarok sind, je nach Ausführung, mit Permanent-Allrad ausgestattet. Beim Defender kann das Mittendifferential gesperrt werden, beim G zusätzlich beide Achsen. Bei beiden kann jedoch die Untersetzung auch eingelegt werden, wenn das Mittendifferential nicht gesperrt ist. Ein unschlagbarer Vorteil, wenn man zum Beispiel schwere Anhänger auf engem Raum rangieren muss.

Beim Permanent-Allrad kann die Untersetzung auch ohne gesperrtes Mittendifferential eingelegt werden. Beim Land Rover Defender funktioniert das über einen einzelnen Schalthebel (vorn).

Beim Lada Niva sind dagegen zwei separate Schalthebel dafür vorgesehen. Einer schaltet die mittlere Sperre ein, über den anderen wird die Untersetzung eingelegt.

Bei neueren Modellen des Mercedes G werden die Untersetzung und die Mittendifferentialsperre per ...

... Knopfdruck eingelegt. Zusätzlich können noch Sperren in beiden Achsen eingelegt werden.

Permanent-Allrad mit abschaltbarer Vorderachse

Der Permanent-Allrad mit abschaltbarer Vorderachse funktioniert wie der Zuschalt-Allrad, das Verteilergetriebe ist jedoch um ein Mittendifferential erweitert. Am Schalthebel ist es meist mit dem Kürzel 4P bezeichnet. In dieser Schaltstufe kann der Allradantrieb auch auf der Straße genutzt werden. Die Übersetzung bleibt die selbe wie in den Schaltstufen 2H und 4H, die Untersetzung bleibt jedoch auch hier starr geschaltet. Bekannteste Vertreter mit diesem Getriebe sind verschiedene Modelle des Jeep Cherokee XJ und KJ sowie der Pajero und der Pickup L200 von Mitsubishi.

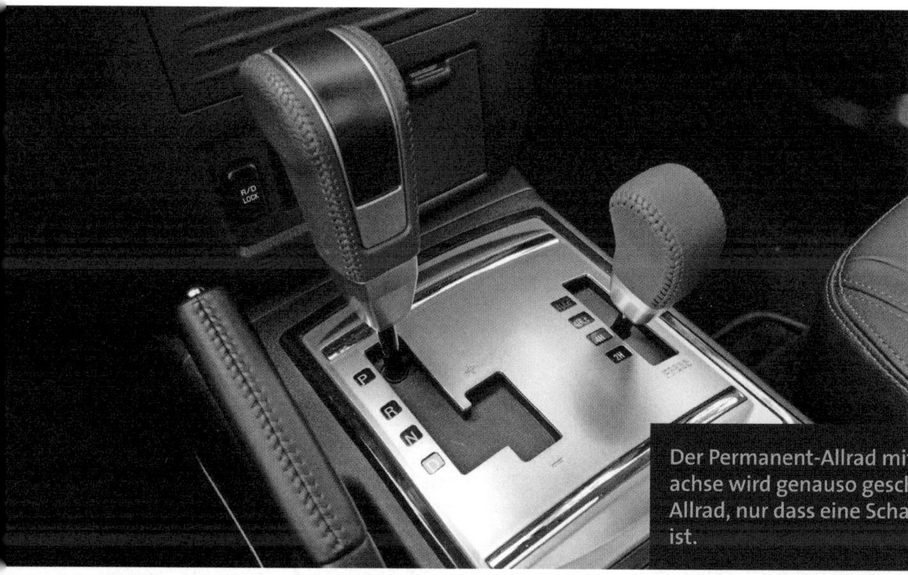

Der Permanent-Allrad mit abschaltbarer Vorderachse wird genauso geschaltet wie der Zuschalt-Allrad, nur dass eine Schaltstufe mehr vorhanden ist.

Auch hier gibt es die Variante mit Schalthebel und mit Schalter oder Drehregler. In der nicht gesperrten Stufe des Allradantriebs kann auch auf der Straße gefahren werden.

Moderne Systeme

Viele der neueren Allradfahrzeuge verfügen über elektronische Systeme, die die Steuerung des Allradantriebs, der Sperren und meist auch der Bodenfreiheit vollautomatisch übernehmen. Je nach Rückmeldung der Sensoren werden verschiedene Programme gewählt, die Sperren eingelegt oder das Luftfederfahrwerk nach oben gepumpt. Der Fahrer hat meist nur noch die Möglichkeit zwischen verschiedenen Programmen wie zum Beispiel „Mud“, „Sand“, „Rock“ oder „Snow“ zu wählen.

Ob das dann noch was mit „echtem Offroaden“ zu tun hat, darüber kann man trefflich streiten.

Bei vielen neueren Allradfahrzeugen werden die verschiedenen Geländefahrprogramme per Schaltwippe oder Drehregler eingestellt.

Die Wahl der jeweiligen Fahrmodi kann dem Fahrer dann im Display angezeigt werden. Wählt man den Auto-Modus, muss man nur noch Gas geben und bremsen.

Untersetzung

In der Untersetzung ist das Fahrzeug langsamer unterwegs, aber mit mehr Kraft an den Rädern. Vorstellen kann man sich das ähnlich wie bei einem Traktor: Der Motor hat viel Kraft, der Trecker ist aber trotzdem nicht schnell. Anschaulich wird das auch, wenn man sich die Zahnräder einer Fahrradschaltung anschaut: Vorne großes Zahnrad und hinten kleines bedeutet, dass man mit einer Umdrehung vorne mehrere Umdrehungen hinten erzeugt. Das funktioniert bergab besonders gut, und man kann immer noch treten, um schneller zu werden. Geht es bergauf, reicht die Muskelkraft für diese Übersetzung nicht mehr. Man muss in einen anderen Gang schalten, also vorne kleineres Zahnrad, hinten größeres. Stellen wir uns nun den hinteren Zahnkranz als das Getriebe eines Autos vor und den vorderen als das Verteilergetriebe, dann können wir uns das Prinzip recht gut veranschaulichen. Denn Schalten in den ersten und zweiten Gang reicht beim Fahren im Gelände oft nicht. Wir müssen auch die Gesamtübersetzung ändern.

Gebraucht wird die Untersetzung, sobald das Gelände heftiger wird. Das Schalten in die Untersetzung erfolgt im Verteilergetriebe und muss in

Tipp

Während man bergauf oder in schlammigen Passagen versuchen kann, auch ohne Untersetzung durchzukommen, sollte man sie bergab immer einlegen. Zusätzlich wird im ersten Gang gefahren. So bleibt das Auto kontrollierbar. Ausnahmen sind hierbei jedoch (vor allem ältere) Fahrzeuge mit Automatikgetriebe. Bei ihnen ist die erste Gangstufe zu lang übersetzt, um eine nennenswerte Bremswirkung zu erzeugen. Es muss also vorsichtig mitgebremst werden oder die Bergabfahrhilfe sollte aktiviert werden, die die Bergabfahrt über gezielte Bremseingriffe kontrolliert.

Je nach Untergrund und Witterung lassen sich manche Offroad-Passagen in der Untersetzung leichter meistern.

der Regel im Stand und ohne eingelegten Gang oder eingelegte Gangstufe der Automatik erfolgen. Ist eine Passage im Gelände in der normalen Übersetzung nicht fahrbar, so lässt sie sich mit eingelegter Untersetzung in der Regel meistern.

Visco-Kupplung und 4Motion

Bekannt geworden ist die Visco-Kupplung Anfang der 1980er-Jahre, als Volkswagen seine Syncro-Modelle auf dem Markt brachte. Bei diesem Allradsystem verfügt das Fahrzeug nicht über ein Verteilergetriebe, sondern über eine Lamellenkupplung, die den Kraftschluss zwischen Vorder- und Hinterachse herstellt. Bei dieser Kupplung laufen Lamellen in einem Bad aus Silikonöl. Die Lamellen sind abwechselnd mit der Vorder- und der Hinterachse verbunden. Drehen die mit dem Motor und einer der beiden Achsen verbundenen Lamellen schneller als die mit der anderen Achse verbundenen, werden diese durch das zähe Silikonöl ebenfalls in eine Drehung versetzt. Da-

durch wird auch die zweite Achse angetrieben. Die Kraftverteilung erfolgt also nicht 50:50, sondern ist drehzahlabhängig. Vereinfacht lässt sich sagen, dass die zweite Achse umso mehr angetrieben wird, je höher die Drehzahl der anderen Achse ist. Dabei spielt die Viskosität des Silikonöls eine Rolle, das sich durch die Reibungswärme stärker oder weniger stark verfestigt und so die mit der zweiten Achse verbundenen Scheiben unterschiedlich stark mitnimmt. Drehen also die Räder an der angetriebenen Achse durch, wird mehr Kraft an die zweite Achse geleitet.

Der heute bei VW eingesetzte 4Motion-Antrieb ist die Weiterentwicklung des Syncro-Antriebs. Dieser Antrieb funktioniert jedoch anders als der Syncro-Antrieb. Wobei es einen Unterschied gibt, ob der Motor des Fahrzeugs quer oder längs eingebaut ist. Es gibt also einen Unterschied zwischen dem 4Motion-Antrieb des VW Touareg und dem des VW-Bus. Bei Fahrzeugen mit quer eingebautem Motor wird primär die Frontachse angetrieben. Die Hinterachse wird über eine Lamellenkupplung der schwedischen Firma Haldex angetrieben. Die Kraftverteilung zwischen vorne und hinten übernimmt eine Elektronik, die von 100:0 auf 50:50 regeln kann. Bei normaler Geradeausfahrt auf der Straße wird also nur die Vorderachse angetrieben. Die Hinterachse wird je nach Anforderung hinzugeregelt. Kurzzeitig können jedoch auch 100 Prozent der Kraft an die Hinterachse geleitet werden.

Bei den längs eingebauten Motoren wird der Antriebsmoment zunächst an ein zentrales Differential geleitet, das die Motorkraft permanent nach vorne und hinten leitet. Das hier eingesetzte Differential ist ein Torsen-Differential. Der Name ist ein Kunstwort und leitet sich von den Begriffen „Torque“ (Drehmoment) und „sensitiv“ (empfindlich) ab. Zum Patent angemeldet wurde das Prinzip 1958, grundsätzlich erfunden wurde es aber schon 1918. Neben dem Touareg sind die bekanntesten Vertreter mit Torsen-Differential der HMMWV, der Audi Quattro und der Lancia Delta mit Allradantrieb.

Visco-Kupplungen verteilen die Kraft drehzahlabhängig an die Vorder- und Hinterachse. Bekannteste Vertreter mit diesem Allradsystem sind die Syncro- und 4Motion-Modelle von Volkswagen.

Böschungs- und Rampenwinkel

Böschungs- und Rampenwinkel sowie die maximale Bodenfreiheit und auch der maximale Freiraum unter den Achsdifferentialen bestimmen beim Geländewagen die Geländegängigkeit. Je größer diese Winkel sind, umso geländegängiger ist das Fahrzeug. Echte Geländewagen zeichnen sich durch viel Platz unter dem Bauch sowie an Front und Heck aus. Die Böschungswinkel geben Auskunft darüber, wie steil eine Böschung sein darf, die gerade angefahren wird. Der Rampenwinkel gibt Auskunft darüber, wie spitz zu überfahrende Kuppen sein dürfen.

Beide Winkel, die Bodenfreiheit unter dem Fahrzeugbauch und den Differentialen, sollte man kennen. Ist man sich unsicher, steigt man lieber kurz aus und sieht nach, ob das Blech nicht vielleicht Schaden nehmen kann, wenn man weiterfährt. In solchen Fällen man sich mit einer Schaufel, Steinen oder Ästen helfen, um Kuppen abzuflachen oder Gräben auszufüllen.

Sitzt das Fahrzeug auf einer Kuppe auf und mehrere Räder stehen in der Luft, oder steckt es mit dem Heck am Rand eines Hangs fest, hilft oft nur noch die Bergung durch ein zweites Fahrzeug oder mit der eigenen Seilwinde. Schäden sind dann meist nicht auszuschließen. Im Zweifel Kuppen oder Auffahrten also auslassen oder umfahren.

Zubehör wie Anhängerkupplungen, Unterfahrschutz-Platten oder Seilwinden-Anbausätze können Böschungs- und Rampenwinkel negativ beeinflussen. So kann beim Defender der große hintere Böschungswinkel durch eine niedrige Anhängerkupplung stark reduziert werden. Die Böschungswinkel lassen sich gut veranschaulichen, wenn man eine Latte von vorn oder hinten unten an den Reifen legt und nach oben hält, bis man anstößt. Der Böschungswinkel lässt sich gut mit einer Schnur darstellen, deren Enden man beschwert, an die Reifen legt und die Schnur zur Fahrzeugmitte hochzieht.

Der vordere Böschungswinkel gibt an, wie steil das vor einem liegende Hindernis sein darf, ohne Schäden am Fahrzeug befürchten zu müssen.

Der hintere Böschungswinkel ist oft kleiner als der vordere. Passt es also vorne, kann es hinten trotzdem eng werden.

Der Rampenwinkel bestimmt, wie spitz zu überfahrende Kuppen sein dürfen, ohne aufzusetzen.

Bei manchen Geländewagen befinden sich schon ab Werk Sperren in den Achsen.

Sperren

Wird das Gelände ganz heftig, helfen Sperren in den Achsen weiter. Denn fängt im Gelände ein Rad an durchzudrehen, macht das Differential in der Achse, was es eigentlich soll: Es gleicht die unterschiedlichen Radumdrehungen aus. Auf der Straße ist das auch unbedingt so gewollt. Wäre es nicht so, würde das kurveninnere Rad gnadenlos über den Asphalt radieren, und es gäbe massive Verspannungen im Antriebsstrang. Weder Reifen noch Achswellen würden das besonders lange aushalten.
Was auf der Straße gewollt ist, wird beim Fahren im Gelände aber schnell zum Nachteil. Hebt der Offroader zum Beispiel ein Rad, dreht dieses lustig und munter seine Runden durch die Luft, während das andere Rad sich keinen einzigen Millimeter mehr weiterbewegt.

Bei den meisten müssen die Sperren jedoch nachgerüstet werden. Dann benötigt man auch zusätzliche Schalter.

Sind Sperren in den Achsen vorhanden, kann man das Achsdifferential jedoch sperren. Dann werden beide Räder gleichmäßig angetrieben, da das Differential blockiert wird. Hier unterscheidet man zwischen manuell schaltbaren und automatischen Sperren.
Die manuellen Sperren werden im Stand eingelegt. Mitunter rücken sie aber nicht sofort ein. In diesem Fall kann es helfen, mit dem Fahrzeug etwas vorwärts und rückwärts zu fahren.
Da bei eingelegter Achssperre das Achsdifferential blockiert wird, sollte man Kurvenfahrten auf Asphalt oder festem Untergrund unbedingt vermeiden, da sich dabei der Antriebsstrang verwindet. Auf losen Untergrund hat das kurveninnere Rad die Möglichkeit durchzudrehen, auf der Straße nicht. Achssperren sollten daher auch immer vor den Passagen eingelegt werden, in denen man sie benötigt. Nach der Passage nimmt man die Sperre wieder raus.

Fahrzeug checken

Bevor es ins Gelände geht, sollte man eine Abfahrtskontrolle vornehmen – ähnlich wie Lkw-Fahrer dies eigentlich vor Fahrtantritt tun sollten. Die Abfahrtkontrolle sollte folgende Punkte umfassen:

- Ist ausreichend Kraftstoff vorhanden?
- Alle Öle, Kühlwasser und die Bremsflüssigkeit kontrollieren und eventuell auffüllen. Checken, ob irgendwo Betriebsstoffe austreten. Wenn ja, wird das zuerst behoben.
- Ölbindemittel mitnehmen, falls es im Gelände zu Beschädigungen und Austritt von Betriebsstoffen kommt.
- Eventuell bereits Schäkel oder Gurte bereitlegen oder die Seilwinde betriebsbereit machen. Achtung: Werden Gurte schon eingehängt, sind sie unbedingt so zu sichern, dass sie nicht herunterhängen und während der Fahrt in Antrieb oder Räder geraten können.

Straßenreifen

Reifen mit Straßenprofil sind als Sommer-, als Winter- und als sogenannte Allwetter- oder Ganzjahresreifen zu bekommen. Sie alle sind zu 100 Prozent für das Fahren auf der Straße ausgelegt. Im Gelände lassen sie sich bei Trockenheit auf vielen Pisten zwar einigermaßen problemlos fahren, sobald es aber regnet oder die Tracks schlammig werden, kommt man mit ihnen nicht weit. Das etwas gröbere Winterprofil schneidet da zwar etwas besser ab, kommt aber auch schnell an seine Grenzen. Allerdings kann es im Winter eine gute Wahl sein, vor allem wenn der montierte Geländereifen nicht über das Schneeflocken-Symbol verfügt. Dann sollte man aber ohnehin einen passenden Reifen aufziehen.

Mit Straßenreifen kommt man im Gelände nur richtig weit, wenn es trocken ist. Bei Nässe fehlt ihnen der Grip.

AT-Reifen

Reifen mit All-Terrain-Profil sind zu 50 Prozent für das Fahren auf der Straße und zu 50 Prozent für das Fahren im Gelände ausgelegt. Damit sind sie, genau wie die Allwetterreifen, ein Mischreifen. Und genau das ist ein wenig die Krux bei AT-Reifen. Denn so ein Mischreifen ist eben auch eine Mischlösung. Er ist kein echter Straßenreifen, aber eben auch kein echter Geländereifen. Das heißt übertrieben: Er kann von allem etwas, aber nichts wirklich in Perfektion.

Dennoch können AT-Reifen für die meisten Geländewagenfahrer völlig ausreichend sein, vor allem, wenn man oft auch viele Straßenkilometer absolviert. Da das Verhalten auf nasser Straße und beim Bremsen grundsätzlich schlechter wird, je grobstolliger das Profil ist, ist bei AT-Reifen gerade auf nasser Straße jedoch eine gewisse Vorsicht geboten. Der Bremsweg ist länger, und in den Kurven kann das Fahrzeug schneller seitlich ausbrechen und wegrutschen.

Die Einschränkungen, die für die Straße gelten, gelten bei einem 50:50-Reifen aber eben auch für das Fahren im Gelände. Auch hier macht der AT prinzipiell einen guten Job, steht aber hinter MT- oder reinen Geländereifen natürlich zurück. In der Praxis heißt das vor allem: Je nasser und schlammiger der Untergrund, umso schlechter die Performance von AT-Reifen. Wobei man damit aber natürlich schon um einiges weiter kommt als mit einem Straßenreifen, und bei vielen Modellen sind die Flanken darüber hinaus verstärkt.

Der All-Terrain-Reifen ist zu je 50 Prozent für das Fahren auf der Straße und im Gelände ausgelegt.

MT-Reifen

Wer häufiger ins heftigere Gelände will, der sollte über einen MT-Reifen nachdenken. MT-Reifen sind in der Regel zu 80 Prozent für das Fahren im Gelände ausgelegt und zu 20 Prozent für die Straße. Manche Hersteller geben für ihre MTs aber auch Werte von 70:30 oder 90:10 an. Wobei letztere schon eher als reine Geländereifen zu betrachten sind. Der Begriff MT passt bei ihnen nur noch bedingt.

MT-Reifen weisen ein noch deutlich gröberes Stollenprofil auf im Vergleich zu den AT-Reifen. Auch hier sind in der Regel die Flanken verstärkt, um sie zu schützen und auch seitlich Grip zu bieten. Besonders auf felsigem Untergrund oder im tiefen Schlamm steht somit zusätzliches Profil zur Verfügung. Beim Fahren auf der Straße muss man sich dagegen bewusst sein, dass der Reifen eben nur sehr eingeschränkt dafür konzipiert ist. Bremswege werden nochmal länger, und auch das Kurvenverhalten wird in der Regel noch mal schlechter als beim AT. Zu dichtes Auffahren zum Beispiel sollte man also vermeiden – gerade bei nasser Straße. Auch beim Heranfahren an Ampeln sollte man im Blick haben, dass man etwas länger braucht, bis der Wagen steht. Ist es nass, wird es rot und man ist schon zu nah an die Ampel herangefahren, kann es eng werden – auch wenn man „nur" die erlaubte Geschwindigkeit fährt.

Mud-Terrain-Reifen verfügen über eine gröberes Profil. Die meisten haben ein Verhältnis 80:20 (Gelände:Straße).

Reine Geländereifen

Reine Geländereifen kommen meist bei Wettbewerbsfahrzeugen zum Einsatz. Sie sind zwar ab und zu auch auf der Straße zu sehen, aber die Fahrer wissen dann (hoffentlich) meist, was sie tun. Neben den Reifen mit Klassifizierungen 90:10, 95:5 oder gar 100 Prozent findet man auch das sogenannte Ackerschlepper- und das Nato-Profil. Beide sind ebenfalls komplett für das Fahren im Gelände ausgelegt. Die Ackerschlepper-Reifen für Traktoren und das Durchkommen im weichen Ackerboden, das Nato-Profil für den Einsatz auf Militärfahrzeugen. Dort gehören sie bei den Nato Stock Numbers zur Materialgruppe 26. Die steht bei den 13-stelligen Nummern an den ersten beiden Stellen, gefolgt von zwei Ziffern für die Klassifizierung. Der Ländercode besteht ebenfalls aus zwei Ziffern, wobei die Nummer 12 für Deutschland steht. Die restlichen sieben Ziffern geben die laufende Nummer des jeweiligen Artikels an. Dass dieses System sinnvoll ist, wird klar, wenn man sich vor Augen führt, dass es derzeit rund 17 Millionen Nato-Stock-Nummern gibt. Militärreifen sind vor allem als gebrauchte oder zwar neue, aber schon ältere Reifen zu bekommen. Daher sollte man beim Kauf darauf achten, dass man wenigstens vier Reifen aus demselben Herstellungsjahr, also mit gleicher DOT-Nummer bekommt.

Reine Geländereifen werden meist in Wettbewerben eingesetzt. Beim Fahren auf der Straße muss man, besonders bei nasser Straße, längere Bremswege und schlechteres Kurvenverhalten einkalkulieren.

Je größer und vor allem breiter die Räder, umso weiter kann der Luftdruck gesenkt werden. Bei großen Reifen fällt das meist erst auf, wenn der Reifen komplett platt ist.

Luft ablassen

Im Gelände Luft aus Reifen zu lassen, hilft in vielen Situationen, ein ganzes Stück weiterfahren zu können als mit einem voll aufgepumpten Reifen. Denn bei höherem Reifendruck drehen die Räder schneller durch oder graben sich ein. Es gilt: Je niedriger der Luftdruck ist, desto größer ist die Aufstandsfläche des Reifens und desto besser ist die Traktion. Daher sollte vor der Fahrt der richti-

ge Luftdruck für die zu bewältigende Strecke gewählt werden. Eine Faustregel besagt: Je weicher der Untergrund, desto weicher der Reifen, je härter der Untergrund, desto härter der Reifen. Doch Vorsicht: Niedriger Luftdruck erhöht auch die Verletzungsgefahr der Flanken, und bei zu niedrigem Druck können die Reifen von der Felge springen. Daher sollte man den Druck nicht zu weit ablassen, da sonst auch die Gefahr besteht, dass sich der Reifen auf der Felge dreht. Auch Sand,

Bei Beadlock-Felgen wird der Reifen fest mit der Felge verklemmt. So kann er sich auch bei wenig Luftdruck nicht auf der Felge verdrehen oder gar abrutschen.

Schlamm oder kleine Äste können sich dann allzu leicht zwischen Reifen und Felge schieben und für Luftverlust sorgen. Im ungünstigsten Fall kann dann eben der Reifen von der Felge springen. Eine Regel, wie weit man den Druck ohne derartige Probleme ablassen kann, gibt es jedoch (leider) nicht. Zu viele Faktoren spielen hier eine Rolle. So kommt es zum Beispiel auf Reifengröße und -breite an. Während ein breiterer Reifen meist mühelos mit einem Luftdruck von 0,8 Bar klarkommt, funktioniert das bei schmäleren Reifen meist nicht. Man muss sich beim Luftablassen also ein wenig an den möglichen Druck herantasten. Bleibt man über einem Bar, sollte es aber in der Regel funktionieren. Wer mehr Luft ablassen will, sollte über sogenannte Beadlock-Felgen nachdenken. Hier wird der Reifen an der Felge festgeklemmt und kann sich weder verdrehen noch abspringen, auch wenn der Luftdruck weit unter einem Bar liegt.

Im Gelände Luft aus den Reifen zu lassen, hilft in vielen Situationen, um weiterzukommen. Mit einem Tire-Deflator geht es schnell und dank eines Manometers bei allen Rädern gleichmäßig.

Tire Deflator und Kompressor

Im Gelände Luft abzulassen ist also eine sinnvolle Maßnahme. Mit einem Streichholz oder Ähnlichem über jedes Ventil ein gutes Bar Druck abzulassen, erweist sich jedoch als schwierig und langwierig. Außerdem hat man kaum eine Kontrolle darüber, wieviel Druck der Reifen noch hat. Der Tire-Deflator von ARB oder anderen Herstellern ist ein praktisches Tool, um schnell und kontrolliert Luft aus dem Reifen zu lassen. Schnell, weil man mit ihm das eigentliche Ventil aus dem Ventilsitz schraubt und nach hinten zieht. Dadurch kann eine große Menge Luft in kurzer Zeit ausströmen. Kontrolliert, weil am Tire-Deflator ein Manometer angebracht ist, auf dem man den Reifendruck ablesen kann, und weil man über einen Schiebe-Mechanismus dafür sorgen kann, dass Luft strömt oder eben nicht. Das angebrachte Manometer hat eine Skala für den Druck in Bar und in Psi.

Um den Tire-Deflator zu nutzen, wird zunächst der Messingaufsatz auf das Ventil geschraubt und anschließend der Ventileinsatz herausgedreht und nach hinten gezogen. Da das Ventil dabei in der Messinghülse bleibt, kann es auch nicht verloren gehen. Durch das Schiebeventil wird anschließend die Luft bis auf den gewünschten Reifendruck abgelassen. Anschließend wird der Ventileinsatz wieder ein-, der Deflator wieder ab- und die Ventilkappe wieder aufgeschraubt. Letzteres ist wichtig, da nur so das Ventil auch optimal geschützt ist.

Doch irgendwann ist die Geländepassage vorbei und man steht wieder vor der asphaltierten Straße. Hier mit zu niedrigem Reifendruck zu fahren, kann böse Folgen haben. Zu schwammig der Wagen, zu unpräzise die Lenkung. Die Räder müssen also wieder aufgepumpt werden. Hat man vielleicht das Glück, dass eine Tankstelle in der Nähe ist, lassen sich bei vorsichtiger Fahrweise vielleicht ein paar Kilometer überbrücken. Befindet man sich jedoch irgendwo weitab jeglicher Zivilisation, hat man zwar meist jede Menge frische Luft um sich herum, bekommt sie aber leider nicht in den Reifen. Abhilfe kann hier ein kleiner Kompressor schaffen. Der Zubehör-Markt bietet eine ganze Reihe an transportablen Kompressoren in den unterschiedlichsten Ausführungen und Größen. Hat man in den Achsen Druckluft-Sperren nachgerüstet, erübrigt sich ein transportabler Kompressor jedoch, sofern der für die Sperre zuständige Kompressor dafür ausgelegt ist, auch die Reifen damit füllen zu können.

Will man wieder auf die Straße, muss wieder Druck auf die Reifen. Ein tragbarer Kompressor hat den Vorteil, dass er im Alltag im Keller oder der Garage bleiben kann.

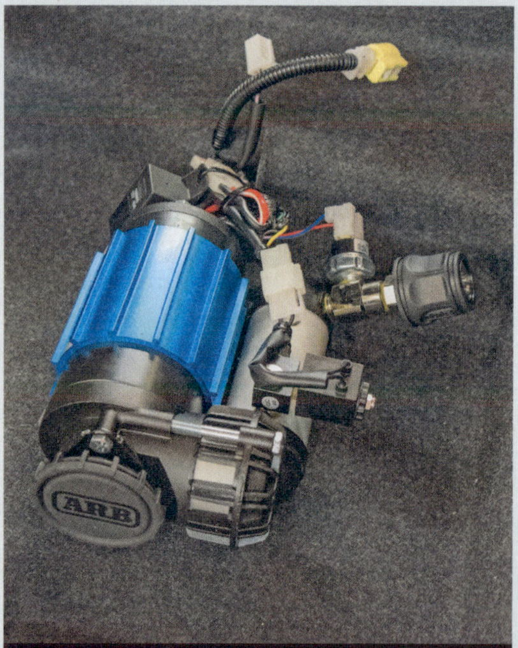

Hat man eine Druckluftsperre im Fahrzeug, kann der eingebaute Kompressor auch zum Reifenfüllen dienen.

Der mitgeführte Schlauch muss dann aber lang genug sein, um damit an alle vier Reifen zu kommen.

Auf unbekannten Strecken sollte man gerade bei Kuppen zu Fuß erkunden, wie es dahinter weitergeht oder ob man eventuell auf der Kuppe aufsitzen kann.

Gelände erkunden

Unbekannte Strecken sollte man vorab zu Fuß erkunden. Sieht ein Weg auf den ersten Metern leicht aus, kann sich das schon nach der nächsten Kuppe ändern. Tiefe Löcher, querliegende Bäume oder Felsbrocken auf dem Weg können das Weiterfahren unmöglich machen. Daher ist es ratsam, das Fahrzeug auch mal stehenzulassen und sich zunächst zu Fuß auf den Weg zu machen. Sind es längere Strecken, die man bewältigen möchte, kann auch eine Person vorgehen, während das Fahrzeug langsam folgt. In diesem Fall kann auch ein Funkgerät für die Kommunikation ratsam sein. Das birgt jedoch die Gefahr, dass es nach einer längeren Strecke vielleicht doch nicht mehr weitergeht. Gibt es dann keine Wendemöglichkeit, muss man rückwärts zurück – auch durch schwierige Passagen. Hat man für Fotoaufnahmen aus der Luft eine Drohne an Bord, könnte man auch damit die Strecke, die vor einem liegt, erkunden – zumindest in waldfreien Gebieten und solange der Funkkontakt aufrechterhalten werden kann.

Fährt man möglichst vorausschauend und wählt die Strecke klug, lassen sich manche brenzlige Situationen vermeiden.

Außerdem gilt: So langsam wie möglich, so schnell wie nötig.

Checkliste Gelände erkunden

Strecke vorab zu Fuß erkunden.	Bei unbekannten Strecken auch auf längeren Passsagen ratsam.
Wenn notwendig, Hindernisse beseitigen.	Schaufel benutzen, Weg freischneiden, Steine und große Äste beiseite räumen.
Gemeinsam besprechen, wie die Passage am besten angegangen werden kann.	Sofern man nicht allein unterwegs ist.
Besteht die Gefahr, dass das Fahrzeug steckenbleibt, eventuell vorab Bergematerial anschlagen, zumindest aber bereitlegen.	Achtung! Wird das Bergematerial schon vorab angeschlagen, Gurte so sichern, dass sie nicht herunterfallen und in Räder oder Antriebsstrang geraten können.
Schwierige Passagen durchfährt erst ein Fahrzeug. Der oder die anderen warten, bis der Wagen durch die Passage durch ist	Sofern man nicht allein unterwegs ist.
Erstes Fahrzeug gegebenenfalls nach hinten sichern. Ist das Fahrzeug durch, können die weiteren nach vorn gesichert werden.	Insbesondere bei Flussdurchfahrten wichtig, damit das Fahrzeug nicht abgetrieben werden kann.

Vorausschauend fahren

Die wichtigste Regel beim Fahren im Gelände lautet: Es wird immer vorausschauend und so langsam gefahren wie möglich, aber so schnell wie nötig. Dabei wird auf die richtige Linienwahl geachtet und der Blick dahin gelenkt, wo man hinfahren möchte. Wenn man direkt auf ein Hindernis schaut, wie beispielsweise ein Schlagloch oder einen Stein, neigt man dazu, genau dort hinein oder darauf zuzufahren.

Zum vorausschauenden Fahren gehört auch, dass man im Vorfeld die Fahrspur festlegt. Bei schwierigen Passagen sollte man auch schon im Vorfeld überlegen, wie und in welche Richtung das Fahrzeug geborgen werden kann. Außerdem ist es in so einem Fall sinnvoll, die benötigte Bergeausrüstung griffbereit zu haben.

Sich einweisen lassen

In schwierigen Situationen ist es sinnvoll, wenn der Fahrer sich von außen einweisen lässt. Dabei sind jedoch unbedingt ein paar Regeln einzuhalten. Bevor es losgeht, sollten Fahrer und Einweiser sich über die Handzeichen verständigen und sich auf klar verständliche Zeichen, die man auch auf eine gewissen Entfernung sieht, einigen. Ganz wichtig dabei ist auch die Richtung, in die gelenkt werden soll. Hier muss man umdenken, wenn man ein Kommando ruft oder besser gleich nur in die Richtung zeigen, in die der Fahrer lenken soll. Da in der Regel beide einander zugewandt sind, ist bei einem gerufenen Kommando links nicht unbedingt gleich links.

Die wichtigste Regel jedoch: Der Einweiser oder die Einweiserin geht NIEMALS rückwärts! Die

Von außen sieht man oft besser, welchen Weg die Räder nehmen sollen. Die Zeichen des Einweisers sollten eindeutig und vorab mit der Fahrerin abgesprochen sein.

Gefahr zu stolpern oder gar irgendwo abzustürzen, ist viel zu groß. Vor einigen Jahren ist es dadurch leider auch schon zu einem Todesfall gekommen. Daher läuft der Einweisende vorwärts, bis er eine Stelle findet, an der er sicher stehen kann und die Übersicht über die Situation hat. Der Platz sollte überdies so gewählt sein, dass das Fahrzeug nicht mitten in der Passage anhalten muss, weil der Einweisende den Platz wechseln muss. Um den Platz zu wechseln, wird dem Fahrer bedeutet, dass er stoppen soll. Dann wird sich umgedreht und vorwärts bis zum nächsten Punkt, an dem man die Einweisung fortsetzen kann, gelaufen. Der Fahrer wartet so lange.
Die zweitwichtigste Regel: Der Fahrer fährt ausschließlich nach den Anweisungen des Einweisenden. Nur der hat den Überblick und kann sehen, wie die Reifen stehen, ob etwas weiter nach rechts oder nach links gelenkt werden soll oder ob ein Felsbrocken droht, mit der Ölwanne zu kollidieren. Wenn der Fahrer denkt, er wüsste es besser und achtet nicht auf den Einweiser, geht das meistens schief.

Handzeichen für das Einweisen

Leider sind bei vielen der gebräuchlichen Methoden, Handzeichen zum Einweisen zu geben, aus gewisser Entfernung nicht mehr deutlich erkennbar, oder es ist nicht ganz klar, wie genau gefahren werden soll. So ist zum Beispiel bei manchen Handzeichen, die signalisieren sollen, dass man in eine bestimmte Richtung lenken soll, nicht klar, wie weit man einlenken muss.
Ich habe daher ein eigenes System entwickelt, bei dem alle Zeichen auch aus der Entfernung gut zu sehen sind und bei dem außerdem ganz klar angezeigt wird, wie weit und in welche Richtung gelenkt wird. Und auch das Stopp-Signal wird überdeutlich signalisiert. Wichtig ist jedoch auch hier, dass sich Einweiser und Fahrer vorab darauf verständigen. Die Methode lässt sich gleichermaßen für das Vorwärts- wie das Rückwärtsfahren anwenden. In welche Richtung es gehen soll, wird vor dem Losfahren abgesprochen.

Diese Methode des Einweisens sieht man oft. Das Handzeichen ist jedoch schon aus einiger Entfernung nur noch schlecht zu erkennen und es nicht klar, wie weit in die angegebene Richtung gelenkt werden soll.

So ist es klarer. Beide Arme werden auf Schulterhöhe angehoben, die Unterarme zeigen im rechten Winkel nach oben, die Handflächen zum Fahrer. Beide Unterarme gerade nach oben bedeutet: Langsam geradeaus fahren.

Soll etwas nach links gelenkt werden, bewegt der Einweisende den rechten Unterarm so weit nach außen, wie der Fahrer einlenken soll. Der Fahrer hält nicht an, sondern fährt langsam weiter und lenkt so weit ein, wie der Unterarm es anzeigt. Lenkt er zu weit, bewegt der Einweisende den Arm etwas zurück.

Soll das Lenkrad voll in eine Richtung eingeschlagen werden, bewegt der Einweiser den Unterarm, bis er eine waagrechte Linie mit dem Oberarm bildet.

Daher müssen die Handflächen auch zum Fahrzeug zeigen. Zeigen sie nach hinten, lässt sich der Arm nicht so weit beugen. Der Fahrer fährt ebenfalls langsam weiter und lenkt nur entsprechend ein.

Soll es nach rechts gehen, wird mit dem linken Arm signalisiert, wie weit eingelenkt werden soll. Da der Einweiser dem Fahrer zugewandt ist, zeigt er automatisch in die Richtung, in die gelenkt werden soll. Ein Nachdenken oder eine falsche, gesprochene Anweisung, weil der Einweiser bei rechts und links nicht für den Fahrer umdenkt, sind so ausgeschlossen.

Um zu signalisieren, dass der Fahrer stoppen soll, werden beide Arme vor der Brust gekreuzt. Auch das ist aus der Entfernung gut sichtbar und der Fahrer kann sofort reagieren.

Schwierige Passagen umfahren

Vor Aufgaben, die einem allzu schwierig erscheinen, sollte man gesunden Respekt zeigen. Das gilt sowohl im Alltag als auch auf Reisen. Gerade auf einer großen Tour ist es besser, die Bewältigung einer schweren Passage abzubrechen und sich lieber eine alternative Strecke suchen. Mit der Suche nach einer Alternative beginnt man zunächst in der unmittelbaren Umgebung. Gibt es eine zweite, leichtere Fahrspur, die andere vor einem schon genommen haben? Das erkennt man in der Regel sehr schnell und gut. Ist das nicht der Fall, kann man den Weg eventuell verlassen und links oder rechts am Hindernis vorbeifahren? Oft ist das durchaus möglich. Dabei sollte man vorab genau erkunden, ob zum Beispiel der Platz zwischen den Bäumen ausreicht oder man die Böschung auch rauf oder runterkommt. Außerdem sollte man schon vorher wissen, wo und wie man wieder auf den eigentlichen Weg zurückkommt. Ist die Möglichkeit der unmittelbaren Umfahrung nicht gegeben, beispielsweise bei einer eingestürzten Brücke, sucht man auf der Landkarte oder im Navi nach einer Umfahrungsmöglichkeit. Alternativ kann man jedoch auch versuchen, das Hindernis zu entschärfen.

Befinden sich auf einem Weg schwierige Passagen, kann man versuchen, sie zu umfahren. An manchen Stellen haben das schon einige vor einem so gemacht.

Sind jedoch zum Beispiel Flüsse unpassierbar, kann die Ausweichroute auch viele Kilometer länger werden.

Hilfsmittel suchen

Meist liegen in der Natur genügend Steine, Äste oder andere Dinge herum, die sich zur Entschärfung von Hindernissen nutzen lassen. Man kann damit zum Beispiel Schlammlöcher oder tiefe Furchen auffüllen oder die zu steile Auffahrt an einem Hang entschärfen. Dabei sollte man jedoch immer darauf achten, dass der so geschaffene Untergrund auch tragfähig ist und sich nichts in die Reifen oder die Technik unter dem Fahrzeug bohren kann. Außerdem sollte man unbedingt darauf achten, dass durchdrehende Räder keine Äste oder Steine aufschleudern können. Daher haben auch außen stehende Mitreisende oder Zuschauer innerhalb des Gefahrenbereichs nichts zu suchen – auch wenn sich dort die besten Handyvideos für den Social-Media-Kanal drehen lassen.

Sind Spuren zu tief, lassen sie sich mit Steinen oder Ästen auffüllen. Dann muss auch niemand den Wagen zur Seite drücken.

Ein querliegender Stamm (unten im Bild) oder ein gerader, stabiler Ast kann das seitliche Wegrutschen des Fahrzeugs verhindern. Das Rad wird in die Richtung geführt, in die man fahren will.

In Schrägen oder am Hang lässt sich das Risiko des seitlichen Wegrutschens des Fahrzeugs gegen einen Baum minimieren. Dazu sucht man sich einen längeren, möglichst geraden und stabilen Ast oder einen kleinen Stamm, der am Boden herumliegt, und legt ihn in Fahrtrichtung an den Stamm des Baums, auf den man zu rutschen droht. Sobald die Reifen Kontakt mit dem als Führung am Boden liegenden Holz haben, rutscht das Fahrzeug nicht mehr weiter auf den Baum zu, da die Reifen nun eine seitliche, als Führungsschiene fungierende Begrenzung haben.

Den Rückweg antreten

Wenn all das nicht hilft und es abzusehen ist, dass auch mit der Bergeausrüstung nichts auszurichten ist, sollte man den Rückzug antreten – egal, wie abenteuerlich oder schön es jenseits des Hindernisses sein mag oder wie weit der nun zu fahrende Umweg auch ist. Denn gerade auf einer Reise sollte man möglichst keine zu großen Risiken eingehen, das Fahrzeug zu beschädigen. Von Verletzungen an Mitreisenden oder einem selbst ganz abgesehen. Für den Rückweg ist es sinnvoll, das Fahrzeug zu wenden. Ist das nicht möglich, muss es rückwärts gehen. Sowohl beim Wenden als auch beim Rückwärtsfahren kann es sinnvoll sein, sich einweisen zu lassen.

Manchmal hilft es nur noch, den Rückwärtsgang einzulegen und den Rückweg anzutreten.

Schritt für Schritt – Grundlagen

- Sich mit dem Fahrzeug vertraut machen – nur wenn man das Fahrzeug, seine Funktionen, Abmessungen, Winkel und Eigenschaften kennt, kann man es auch sicher im Gelände bewegen.
- Offroad-Fahrseminar absolvieren – die beste Theorie ersetzt kein professionelles Fahrseminar.
- Nie allein ins Gelände – ist man zu zweit oder mit mehreren unterwegs, lässt sich ein steckengebliebenes Fahrzeug bergen oder in Notfällen schnell Hilfe holen.
- Gelände erkunden – unbekannte Strecken vorab zu Fuß erkunden und auf unüberwindbare Hindernisse überprüfen.
- Sich einweisen lassen – in schwierigen Passagen sieht man von außen oft besser, wie der ideale Weg gefahren werden kann.
- Schwierige Passagen umfahren – erscheinen Hindernisse zu schwierig oder besteht die Gefahr von Beschädigungen, lässt man sie aus.
- Hilfsmittel suchen – oft können Äste, kleine Stämme oder große Steine helfen, ein Hindernis zu entschärfen.
- Den Rückweg antreten – ist ein Hindernis partout nicht passierbar, ist es oft besser, umzudrehen.
- Vorausschauend fahren – nicht zu schnell, aber auch nicht zu langsam und immer mit Umsicht.

Auf keinen Fall ...

- ... mit viel Gas ins Hindernis – „viel hilft viel" gilt im Gelände nur selten, meist verursacht man eher Schäden.
- ... bedenkenlos in Wasserlöcher oder Flüsse fahren – immer erst die Wattiefe des Fahrzeugs klären und die Wassertiefe checken.
- ... dem eigenen Können zu sehr vertrauen – beim Fahren im Gelände ist jede Situation anders.

Bergauffahrt

- Strecke checken
- Ladungssicherung checken
- Richtigen Gang wählen
- Mit konstanter Geschwindigkeit fahren
- In Falllinie fahren
- Durchdrehende Räder vermeiden
- Vor der Kuppe Gas wegnehmen
- Auf der Kuppe stehenbleiben

Bergauffahrt: Was von außen banal und einfach aussieht, wirkt vom Fahrersitz aus viel extremer. Ist man erst einmal in den Hang hineingefahren, sieht man meist nur noch Motorhaube und Himmel, aber nichts mehr von der Strecke und der Fahrspur. Wie steil ein Hang ist, wird in Prozent angegeben und nicht in Grad. 100 Prozent entsprechen dabei 45 Grad, denn das Verhältnis definiert Grundfläche zu Höhe. Zehn Meter Länge und zehn Meter Höhe entsprechen also 45 Grad oder eben 100 Prozent. Die Länge der zurückzulegenden Strecke beträgt bei unserem Beispiel etwas mehr als 14 Meter – wir erinnern uns: $a^2 + b^2 = c^2$.

Abgesehen davon sollte man sich vorab ansehen, welche sonstigen Tücken einen auf dem Weg nach oben erwarten. Unbekannte Hänge werden deshalb zuerst zu Fuß erkundet. Dabei werden Untergrund und Unebenheiten gecheckt. Ist der Boden rutschig und glatt? Gibt es Vertiefungen, Löcher oder Wurzeln im Hang, die zu Hindernissen werden können? Und ganz wichtig: Wie geht es oben weiter? Ist dort eine spitze Kuppe und es geht gleich wieder bergab, besteht die Gefahr, auf dem Kamm mit dem Fahrzeug aufzusitzen. Aber auch wie der Weg oder Pfad nach der Steigung weiter verläuft, sollte man wissen, bevor man unten Gas gibt. Geht es nach rechts, geht es nach links oder ist oben schlicht und ergreifend Schluss? Neben der Frage, ob man auf der Kuppe am Rampenwinkel scheitern könnte, sollte man außerdem klären, ob die Einfahrt in den Hang nicht schon an zu niedrigen Böschungswinkeln misslingt.

Grundsätzlich und für jede Fahrt im Gelände gilt: Bevor man endgültig Gas gibt, sollte man nachsehen, ob mitgeführte Ladung und Kleinteile im Fahrzeug auch sicher verzurrt und verstaut sind, damit sie sich nicht selbstständig machen. Besonders wenn es steil bergauf- oder bergab geht, passiert das schnell.

Gefahren wird mit möglichst konstanter Geschwindigkeit in der Untersetzung mit eingelegtem Mittendifferential und im passenden Gang. Meist ist dies nicht der erste, sondern der zweite. Zu schnell sollte man bergauf außerdem ohnehin nicht fahren, denn einzelne Räder können bei Hindernissen im Hang den Bodenkontakt verlieren, der Vortrieb so unterbrochen werden, und es besteht die Gefahr, die Kontrolle über das Fahrzeug zu verlieren. Im Hang wird nie der Gang gewechselt, da der Vortrieb dabei endet, und es droht, dass man stehen bleibt. Ist der Hang steiler oder extrem verworfen, können, sofern vorhanden, zusätzlich die Hinter- und die Vorderachssperre eingelegt werden. Ein Durchdrehen der Räder sollte man ebenfalls so weit wie möglich zu vermeiden versuchen, denn sie übertragen keine Lenk- und Antriebskräfte. Dabei verliert man schnell die Kontrolle über das Fahrzeug und droht im schlimmsten Fall quer zum Hang zu kommen. Die Folge ist, dass der Offroader umkippen kann. Daher fährt man auch immer in der Falllinie, also in der Linie, in der das Fahrzeug zu Tal stürzen würde, sollte es umfallen. Stehen die Räder in dieser Linie, kann der Wagen nicht zur Seite wegkippen.

Tipp

Lässt sich ein Hang beim ersten Versuch nicht erklimmen, kann man den zweiten Versuch mit etwas mehr Anlauf und etwas mehr Gas angehen, sollte es dabei jedoch nicht übertreiben. Klappt das auch nicht, gibt es noch einen dritten Versuch aber KEINEN vierten. Die Gefahr, es mit noch mehr Gas und Anlauf zu versuchen, führt schnell zu Schäden und im schlimmsten Fall zu Verletzungen. Es gilt, auch hier Umsicht zu bewahren. Lieber in Würde abbrechen als mit Schaden scheitern.

Bevor es bergauf geht, sollte man die Strecke, den Untergrund sowie die Böschungs- und Rampenwinkel checken.

Auch wie es oben weitergeht oder ob man auf der Kuppe eventuell aufsitzen könnte, sollte man klären, bevor man Gas gibt.

Gefahren wird mit gesperrtem Mittendifferential und gegebenfalls in der Untersetzung. Dann wird der richtige Gang gewählt (meist der zweite). Im Hang wird nicht geschaltet.

Vor der Kuppe etwas Gas wegnehmen und oben stehenbleiben, um sich zu orientieren.

Stehenbleiben im Hang

Grundsätzlich gilt: Niemals freiwillig im Hang anhalten und stehenbleiben. Nun gibt es aber Situationen, in denen man unbeabsichtigt anhält. Der Wagen hat nicht genug Kraft und Traktion, den Berg zu erklimmen, oder man würgt bei einem Fahrzeug mit manueller Gangschaltung den Motor ab. In diesem Fall sollte man auf keinen Fall versuchen, mit schleifender Kupplung wieder anzufahren.

Der richtige Weg führt nach unten. Rückwärts den Hang wieder hinunter. Und das in gerader Falllinie, so wie man nach oben gefahren ist. Dabei gibt es jedoch einiges zu beachten. Droht man stehenzubleiben, kommt man mit durchdrehenden Rädern nicht weiter oder hat man den Motor abgewürgt, werden sofort Bremse und Kupplung getreten. Anschließend wird der Rückwärtsgang eingelegt. Für das nun folgende Manöver ist es sinnvoll, den Motor abzustellen, sofern er nicht ohnehin aus ist. Hier gibt es jedoch Ausnahmen, die ich im Anschluss erkläre.

Nachdem der Motor abgestellt ist, wird zunächst die Kupplung losgelassen und danach die Bremse – auf keinen Fall umgekehrt. Vorab ist – sofern nicht ohnehin schon geschehen – die Untersetzung einzulegen. Nun hängt das Fahrzeug im Rückwärtsgang im Hang. Jetzt dreht man sich um oder schaut in die Seitenspiegel, wenn man nach Spiegel fahren kann. Anschließend wird der Motor gestartet – ohne dabei auf die Bremse oder die Kupplung zu treten. Der Wagen bewegt sich dabei sofort rückwärts, wird aber durch die Bremswirkung des Motors beim Fahren gebremst. Der Fahrer lenkt den Wagen in der Spur zurück, bis er wieder unten angekommen ist.

Diese Methode funktioniert jedoch bei manchen neueren Schaltwagen nicht, da sich der Motor bei ihnen nur starten lässt, wenn die Kupplung getreten ist. Das ist vor allem bei amerikanischen Modellen wie dem Jeep ab einem gewissen Baujahr der Fall. In diesem Fall müssen nach dem Einlegen des Rückwärtsgangs und bei laufendem Motor Bremse und Kupplung möglichst gleichzeitig freigegeben werden. Diese Methode ist zwar nicht ganz so sicher wie die oben beschriebene, jedoch die einzige Möglichkeit.

Anders verhält es sich bei Fahrzeugen mit Automatikgetriebe. Hier den Motor abzuwürgen, ist nahezu unmöglich. Nahezu, weil mir das tatsächlich schon einmal gelungen ist. Verantwortlich war dabei eine nicht zusammenpassende Kombination aus Reifengröße (zu groß) und Achsdifferential (nicht dafür ausgelegt).

Die Methode, den Wagen im Rückwärtsgang zu starten, funktioniert bei einem Automatikwagen nicht. Er lässt sich nur in den Getriebestellungen P (Parken) und N (Neutral) starten. Auch die Kupplung ist nicht vorhanden. Daher wird hier, bei getretener Bremse, nur der Rückwärtsgang eingelegt und anschließend die Bremse gelöst. Auch hier ist gegebenenfalls die Untersetzung einzulegen.

Vom Fahrersitz aus sieht man bei der Bergauffahrt meist nur die Motorhaube und den Himmel. Umso wichtiger ist es, sich die Passage vorab genau anzuschauen.

Schritt für Schritt – Bergauf

- Strecke, Untergrund, Böschungs- und Rampenwinkel checken. Ladungssicherung beachten.
- Unbekannte Strecken vorab zu Fuß checken. Klären, wie es nach dem Scheitelpunkt weitergeht.
- Richtigen Gang wählen (meist der zweite). In der Untersetzung und (je nach Fahrzeug) mit gesperrtem Mitteldifferential mit konstanter Geschwindigkeit fahren.
- Immer in Falllinie fahren.
- Durchdrehende Räder möglichst vermeiden. Eine durchgängige Traktion erleichtert das Durchfahren.
- Vor der Kuppe das Gas wegnehmen und auf der Kuppe stehenbleiben, um sich zu orientieren.

Auf keinen Fall ...

- ... schräg zum Hang fahren. Das Fahrzeug könnte umkippen und sich überschlagen.
- ... zu viel Gas geben, um ein Durchdrehen der Räder zu vermeiden.
- ... zu untertourig fahren, um das Fahrzeug nicht im Hang abzuwürgen.
- ... im Hang kuppeln und schalten, um den Vortrieb nicht zu unterbrechen und ein Stehenbleiben mitten im Hang zu vermeiden.

Bergabfahrt

- Abfahrt checken
- Ladungssicherung checken
- Untersetzung einlegen
- 1. Gang einlegen
- Fahrzeug gerade zum Hang ausrichten
- Langsam hineinrollen
- In Falllinie fahren
- Lenkrad festhalten
- Keine ruckartigen Lenkbewegungen

„Das ist aber steil", denkt man sich bei so mancher Abfahrt, wenn man oben davor steht. Dem unerfahrenen Offroad-Neuling kann hier schnell angst und bange werden. Und traut er sich dann dennoch hinab, kann er schnell viel falsch machen. Bremsen zum Beispiel. Was auf der Straße richtig ist und den gewünschten Zweck – nämlich langsamer zu werden – erfüllt, kann im Gelände fatale Folgen haben. Deshalb ist bei der Bergabfahrt im Gelände die Bremse tabu. Zum einen lässt sich das Fahrzeug nicht mehr sauber lenken, zum anderen kann es, wie auf Glatteis, ins Rutschen geraten. Je mehr man bremst, umso heftiger. Die Vorderräder wollen in eine andere Richtung als der Fahrer, das Heck bricht aus, der Wagen kommt quer. Im besten Falle steht man dann mitten im Hang in einer äußerst ungünstigen Position und weiß nicht mehr weiter. Im ungünstigsten Fall kippt der Offroader und überschlägt sich so lange, bis er irgendwann unten ankommt.

Doch wie geht es richtig? Wie kommt man sicher runter? Zuerst wird die Abfahrt genau studiert. Sind Kurven zu meistern? Gibt es Verwerfungen in der Strecke? Ist der Untergrund rutschig oder einigermaßen griffig? Ist unten genug Platz für einen möglichst geraden Auslauf? Hat man das gecheckt, richtet man das Fahrzeug schon am Einstieg möglichst gerade zum Hang aus. Vorab werden Untersetzung und erster Gang eingelegt. Sofern das Fahrzeug über einen Hill-Descent-Control, also eine Bergabfahrhilfe verfügt, wird auch sie eingeschaltet. Beides sorgt dafür, dass man so langsam wie möglich nach unten kommt, das Fahrzeug aber lenkbar bleibt. Gefahren wird dann immer in Falllinie. Das Lenkrad wird mit beiden Händen gehalten und der Strecke nachgeführt, zu starke Lenkbewegungen sind dabei unbedingt zu vermeiden.

Eine gewisse Ausnahme stellen manche Geländewagen mit Automatikgetriebe dar. Da hier der erste Gang oftmals zu lang übersetzt ist, ist die Bremswirkung auch in der Untersetzung nur gering. Hier bleibt einem nur die Anfahrt auszulassen, sehr sachte und immer nur kurz zu bremsen oder die Kiste beherzt laufen zu lassen. Dann sollte unten aber genug Platz zum Ausrollen vorhanden sein.

Auch bei kurzen Abfahrten gilt: Das Treten der Bremse ist tabu.

Bergab wird immer in der Untersetzung und im ersten Gang gefahren. Verfügt das Fahrzeug über eine Bergabfahrhilfe, wird sie eingeschaltet.

Die Räder werden in Fahrtrichtung möglichst gerade zum Hang ausgerichtet. Dann lässt man sich langsam in den Hang hineinrollen.

Gefahren wird möglichst in Falllinie. Geht es im Hang um eine Biegung, wird nur sachte gelenkt.

Ist der Hang steiler, sollte am Ende möglichst viel Auslauffläche vorhanden sein.

Schritt für Schritt – bergab

- Abfahrt checken. Ist die Strecke rutschig, gibt es Unebenheiten oder Kurven?
- Untersetzung und ersten Gang einlegen. Sie sorgen dafür, dass das Fahrzeug nicht zu schnell wird.
- Das Fahrzeug möglichst gerade zum Hang ausrichten. Je gerader, umso weniger muss im Hang gelenkt werden.
- Langsam in den Hang hineinrollen lassen.
- Immer in Falllinie fahren.
- Lenkrad mit beiden Händen halten. Keine ruckartigen oder schnellen Lenkbewegungen. Das Lenkrad langsam der Strecke nachführen.

Auf keinen Fall ...

- ... schräg zum Hang fahren. Das Fahrzeug könnte umkippen und sich überschlagen.
- ... bremsen. Die Räder können blockieren, das Fahrzeug ausbrechen.
- ... hochschalten. Bremswirkung des Motors nutzen.
- ... losfahren, bevor die Strecke frei ist. Vorausfahrende Fahrzeuge aus der Sektion ausfahren lassen.

Schrägfahrt

- Kippwinkel des Fahrzeugs ermitteln
- Beladung prüfen
- Ladung sichern
- Untergrund checken
- Langsam fahren
- In Richtung Tal lenken, wenn das Fahrzeug zu kippen droht

Die Schrägfahrt im Gelände ist eigentlich nicht schwer, erfordert aber unter Umständen ein bisschen Mut – und ein paar Dinge, die dabei zu beachten sind. Als erstes sollte man sich über den Kippwinkel des Fahrzeugs informieren. Er gibt an, ab wann der Wagen umkippt. Aber Vorsicht! Der Wert gilt bei leerem Fahrzeug und im Stand, ist also ein statischer Wert. Je nach Beladung, gefahrener Geschwindigkeit und vor allem Beschaffenheit des Untergrunds ändert sich der dynamische Kippwinkel, und der Wagen kann weitaus früher zur Seite umfallen.

Kommen wir daher zunächst zur Beladung. Sie kann schnell zur Erhöhung des Schwerpunkts und damit zu einem früheren Kippwinkel führen. Besonders wenn man schwere Lasten auf dem Dach transportiert. Daher sollte man schwere Dinge möglichst weit unten im Auto unterbringen und rutschsicher verzurren.

Der nächste Punkt ist die Geschwindigkeit, mit der man unterwegs ist. Hier gilt: je langsamer, je besser. Denn je schneller man unterwegs ist, umso schneller kann es dazu kommen, dass man – wenn auch nur sehr kurzzeitig – über den Kipppunkt kommt und der Wagen zur Seite fällt. Ein kurzes Einfedern auf der Talseite oder Ausfedern auf der Hangseite und es ist vorbei.

Schrägfahrten fühlen sich im Fahrzeug schlimmer an, als sie von außen aussehen.

Der dritte Punkt, den man unbedingt beachten sollte, ist der Untergrund. Ist er so schön befestigt, gerade und glatt wie auf den hier gezeigten Fotos von der Teststrecke des Land-Rover-Experience-Centers, besteht keine Gefahr. Doch im Gelände sieht das anders aus. Hier ist der Untergrund uneben und verworfen. Unter Gras, Gestrüpp, zwischen Felsen und Steinen verstecken sich gern Vertiefungen und Löcher. Daher kann die Strecke oberflächlich betrachtet zwar ungefährlich aussehen, fährt man jedoch unvermittelt mit einem der talseitigen Räder in ein Loch oder einem der hangseitigen auf einen Felsen oder eine Wurzel, kann auch hier der Kippwinkel schnell überschritten sein. Im ungünstigsten Fall kippt das Auto nur zur Seite. Weitaus wahrscheinlicher ist aber, dass der Wagen, sich dabei immer wieder überschlagend, so lange ins Tal stürzt, bis er irgendwo liegen bleibt.

Hat man das Gefühl, dass der Wagen kippen könnte, lenkt man daher sofort bergab, also zum Tal. Denn es ist immer noch besser – egal, wie steil es ist und wie schnell man dabei wird – in Falllinie ins Tal zu „fahren", als seitlich zu rollen. In der Regel gilt aber: Das „Popometer" schlägt lange Alarm, bevor der Wagen überhaupt den Kippwinkel erreicht.

Tipp

Das schnelle Lenken in Richtung Tal sollte man an einer ungefährlichen Stelle, an der das Fahrzeug nicht kippen kann, üben. So kann man im Fall der Fälle schneller reagieren.

Bevor man in eine Schräge fährt, sollte man den Kippwinkel des Fahrzeugs kennen. Doch Vorsicht: Der Wert gilt bei leerem Fahrzeug und im Stand.

In der Schräge wird möglichst langsam gefahren. Ist man zu schnell unterwegs, kann es dazu kommen, dass man – wenn auch nur sehr kurzzeitig – über den Kipppunkt kommt und der Wagen zur Seite fällt.

Droht das Fahrzeug zu kippen, immer zum Tal lenken, um den Wagen zu stabilisieren. Es ist immer noch besser, in Falllinie ins Tal zu fahren, als seitlich zu rollen.

Schritt für Schritt – Schrägfahrt

- Den Kippwinkel des Fahrzeugs klären.
- Beladung prüfen. Schwere Dinge möglichst weit unten im Fahrzeug unterbringen, damit sich der Schwerpunkt nicht erhöht.
- Ladung sichern. Plötzlich herumrutschende Ladung kann dazu führen, dass der Kipppunkt kurzzeitig überschritten wird.
- Untergrund checken. Sind Unebenheiten, Vertiefungen oder Felsen in der Strecke?
- Langsam fahren.
- In Richtung Tal lenken, wenn der Wagen droht zu kippen. Das stabilisiert das Fahrzeug.

Auf keinen Fall ...

- ... losfahren, bevor man den Untergrund gecheckt hat. Versteckte Unebenheiten, Löcher und Felsen erkunden.
- ... unangeschnallt in die Schräge fahren. Überschlägt sich das Fahrzeug wird man unkontrolliert herumgeschleudert.
- ... bergauf lenken, wenn das Fahrzeug zu kippen droht. Das führt unweigerlich dazu, dass der Wagen umfällt.

Unwegsame Strecken - Verschränkung

- Achsverschänkung ermitteln
- Unwegsame Passagen erkunden
- Ladungssicherung checken
- Böschungswinkel beachten
- Rampenwinkel beachten
- Bodenfreiheit beachten
- Sich einweisen lassen

Je länger alle vier Räder Kontakt zum Untergrund haben, umso weiter kommt man mit seinem Offroader im Gelände. Doch wie funktioniert das eigentlich, dass die vier Räder möglichst lange am Boden bleiben? Das Zauberwort heißt Verschränkung, also die Fähigkeit der Achsen nach oben und unten zu wandern und sich gegeneinander zu verdrehen. In der Regel gilt: Je länger der Federweg, desto besser die Verschränkung, je länger alle vier Räder auf dem Boden bleiben, umso gesicherter der Vortrieb.

Einfach Gas geben und losstürmen sollte man jedoch nicht. Auch hier gilt, dass man die Strecke im besten Fall vorab zu Fuß erkundet. Und für die ganz tiefen Löcher und dicken Felsbrocken sollte man sich ruhig eine Alternativroute suchen. Das gilt durchaus auch, wenn das eigene Fahrzeug ein höheres Fahrwerk spendiert bekommen hat, auf der Verschränkungsrampe in ungeahnte Höhen fährt und dennoch alle vier Räder auf dem Boden bleiben. Passen Böschungs- und Rampenwinkel nicht, sitzt man trotzdem schnell auf oder hat Kontakt mit Erdreich und Felsen. Die Gefahr, sich etwas kaputtzufahren, ist also gegeben.

Bei den Verschränkungspassagen unterscheidet man zwischen positiver und negativer Verschränkung. Positiv bedeutet, dass das Rad auf eine Erhöhung fahren muss, negativ bedeutet, es fährt in eine Vertiefung. Der Effekt bleibt unterm Strich gleich: Die Achse verschränkt. Verstärkt wird der Effekt, wenn ein Rad auf eine Erhöhung fährt, während das gegenüberliegende in eine Vertiefung rollt. Passiert das an Vorder- und Hinterachse auch noch entgegengesetzt, wird entweder ein Rad angehoben oder das Fahrzeug setzt irgendwo auf.

Aufpassen muss man nicht nur, wenn man das Hindernis anfährt, sondern auch, wenn man mit einem Rad über das Hindernis drüber oder hindurch gefahren ist. Reicht der Platz vor der Stoßstange, an den Schwellern und unter dem Fahrzeugbauch aus, oder wird es eng? Bei besonders buckligen Passagen sollte man sich daher einweisen lassen. Denn von außen ist es deutlich einfacher zu erkennen, welche Linie ideal ist und in welche Richtung man lenken muss, im Vergleich zur Sicht vom Fahrersitz aus.

Tipp 1

Verfügt der Geländewagen über aushängbare Stabilisatoren oder einen sogenannten Stabitrenner, erhöht das die Verschränkungsfähigkeit der Achsen. Einige Fahrzeuge verfügen bereits ab Werk über einen Stabitrenner. Bei den meisten anderen können aushängbare Stabilisatoren nachgerüstet werden.

Tipp 2

Kommt man in einer Verschränkungspassage nicht weiter, weil ein Rad in der Luft steht und durchdreht, kann das Einlegen von Traktionshilfen oder einer Achssperre helfen – sofern der Offroader darüber verfügt.

Auch unwegsame Strecken sollten vorab gecheckt werden.

Bei der negativen Verschränkung rollt ein Rad in eine Vertiefung. Das Fahrwerk federt dabei auf dieser Seite aus, auf der gegenüberliegenden Seite ein.

Dabei sollte man darauf achten, möglichst nicht mit dem Fahrzeug aufzusitzen. Steckenbleiben oder Schäden wären die Folge.

Während das vordere rechte Rad einfedert, federt außer dem linken Vorderrad auch das rechte Hinterrad aus.

Bei der positiven Verschränkung fährt ein Rad auf ein Hindernis auf und wandert dabei nach oben.

Das gegenüberliegende Rad federt dagegen aus. Je länger es am Boden bleibt, umso besser die Verschränkung und damit der Vortrieb.

Auch hier federn die Räder an der Hinterachse aus. Ein- und Ausfedern an Vorder- und Hinterachse erfolgen immer zueinander versetzt.

Schritt für Schritt – unwegsame Strecken

- Die maximale Verschränkung der Achsen ermitteln. Mit einem Rad auf eine Rampe fahren. Je länger alle vier Räder auf dem Boden bleiben, umso besser die Verschränkung.
- Besonders unwegsame Passagen vorab zu Fuß erkunden. Sind sehr tiefe Löcher und große Steine oder Erdhügel auf der Strecke, diese gegebenenfalls umfahren.
- Rampen- und Böschungswinkel sowie Bodenfreiheit beachten. Droht man mit dem Fahrzeug aufzusitzen und anzustoßen, oder reicht es?
- Sich einweisen lassen. Von außen sieht man besser, in welche Richtung man lenken soll, als vom Fahrersitz aus.

Auf keinen Fall ...

- ... zu schnell durch die Passage fahren. Sind Löcher oder Erhebungen zu tief oder hoch, sind Schäden zu erwarten?
- ... Gas geben, wenn ein Rad in der Luft hängt. Erst checken, ob sich das Rad weiter heben und das Fahrzeug kippen kann.
- ... die Anweisungen des Einweisers missachten. Er hat den Überblick und sagt, wo es lang geht.
- ... das Hindernis in die Mitte nehmen. Stattdessen mit einem Reifen darüberfahren.

Gräben und Kuppen queren

- Hindernis begutachten
- Wenn möglich, Passage entschärfen
- Fahrstrecke festlegen
- Rad für Rad über das Hindernis fahren
- Sich einweisen lassen

Beim Queren von Gräben oder Kuppen wird immer schräg an das Hindernis herangefahren.

Gräben, Kuppen oder auch querliegende Baumstämme im Gelände sind eine besondere Herausforderung. Selbst wenn sie nicht besonders tief oder hoch sind, kann das Fahrzeug dabei aufsitzen. Das Anfahren von Gräben und auch Kuppen sollte daher möglichst in einem Winkel von 45 Grad erfolgen, wobei allerdings der Kippwinkel des Fahrzeugs zu beachten ist. Das Hindernis wird so Rad für Rad überquert. Dabei ist es wichtig, nicht die Traktion zu verlieren.

Auch hier werden unbekannte Hindernisse vorab eingehend begutachtet. Wie tief sind die Spurrillen, wie breit der Graben, wie hoch der Wall, wie stabil liegt der Baumstamm? Kann das Fahrzeug mit dem Unterboden aufsitzen und die Weiterfahrt unmöglich werden? Sind scharfkantige Steine im Weg, die die Reifenflanken beschädigen können? Besteht die Gefahr, sich zu überschlagen, wenn man das Fahrzeug übersteuert? Bei der Routenwahl ist also nicht nur auf die Tiefe oder die Höhe, sondern auch auf herausstehende Wurzeln und Steine sowie die allgemeine Bodenbeschaffenheit zu achten. Gefahren wird in der Untersetzung mit gesperrtem Mitteldifferential. Sind Achssperren vorhanden, sollte man auch die einlegen. Durch das schräge Anfahren passiert man das Hindernis zunächst nur mit einem Rad. Bei einem Graben „bremst" man es langsam in den Graben hinein und fährt es dann langsam wieder hinaus. Diese Prozedur wird Rad für Rad wiederholt. Bei Kuppen wird vorsichtig Gas gegeben, bis das Rad ganz oben angekommen ist, dann wird es langsam nach unten „gebremst". Auch hier wiederholt man das Rad für Rad. Bei Fahrzeugen mit Handschaltung wird gerade beim langsamen Hinauffahren nicht mit der Kupplung gearbeitet, denn sie ist auf diese Weise schnell ruiniert.

Bei Gräben wird das erste Rad langsam in den Graben hineingebremst, bei Kuppen langsam hinaufgefahren.

Steht das Rad komplett im Graben oder auf der Kuppe, fährt man langsam wieder aus dem Graben heraus oder bremst die Kuppe hinunter.

Das erste Rad hat nun das Hindernis gemeistert. Jetzt sollte man nochmal checken, ob man bei der Weiterfahrt nirgends aufsitzt.

Passt alles, fährt man langsam mit dem zweiten Rad an das Hindernis heran.

Die Prozedur beginnt von vorn und wird genauso für die restlichen Räder wiederholt.

Schritt für Schritt – Gräben und Kuppen queren

- Hindernis eingehend begutachten und die möglichst beste Linie für die Durch- oder Überfahrt festlegen.
- Untersetzung und ersten Gang einlegen.
- Rad für Rad langsam in das Hindernis hinunter oder hinauf fahren und anschließend langsam wieder heraus.
- Sich von außen einweisen lassen.

Auf gar keinen Fall ...

- ... frontal über das Hindernis fahren.
- ... zu schnell in das Hindernis hineinfahren.
- ... im Hindernis viel Gas geben, wenn die Durchfahrt nicht klappt – lieber neu ansetzen.

Spurrinnen befahren

- Passage ansehen
- Streckenverlauf festlegen
- Bergematerial bereithalten
- Schaufel bereithalten
- Eventuell versetzt zur Spur fahren

Spurrinnen sind tückisch. Rutscht das Fahrzeug einmal mit den Rädern hinein, kommt man in aller Regel nicht mehr aus den Spurrinnen heraus. Stattdessen fährt der Offroader wie ein Zug auf den Schienen. Und damit eben auch dahin, wo man nicht unbedingt hin will.

Das zweite Problem an Spurrinnen ist, dass sie mitunter ziemlich tief sein können. Sind sie tiefer als die Bodenfreiheit des Fahrzeugs, sitzt man schnell auf. In der Regel geht es dann nicht mehr aus eigener Kraft weiter, das Fahrzeug muss geborgen werden. Will oder muss man aus den Spurrinnen seitlich heraus, helfen meist nur zwei Dinge: die Schaufel oder die Muskelkraft von ein paar Helfern – oder beides zusammen. Mit der Schaufel lässt sich die Spur zur Seite hin, heraus aus der Rinne, verlegen. Dazu werden die Seiten der Spur abgegraben und so eine neue Spur gelegt, die nach außen hin ansteigt. Mit dem Material, das dabei entfernt wird, wird die alte Spur nach vorne aufgefüllt, damit der Reifen dort gegen einen Widerstand läuft und – hoffentlich – zur Seite hin und somit aus der Spur herausfährt. Alternativ oder zusätzlich können Helfer versuchen, das Fahrzeug aus der Rinne zu schieben, während der Fahrer langsam vorwärts fährt.

Sind die Spurrinnen zu tief, versucht man versetzt dazu zu fahren. Dabei muss man sich für eine Seite entscheiden.

Rutscht das Fahrzeug dennoch in die Rinne, hilft das Lenken nicht mehr. Das Fahrzeug kommt meist nicht heraus, bis die Spur endet.

Unter Umständen kann es helfen, die Rinne mit der Schaufel zur Seite hin abzuflachen oder mit Muskelkraft von außen nachzuhelfe n, um wieder herauszukommen

Sitzt das Fahrzeug jedoch auf, muss es mit dem Gurt oder der Winde geborgen werden.

Reicht die Bodenfreiheit des Fahrzeugs nicht aus, um mit den Rädern in den Spurrinnen zu fahren, fährt man versetzt davon. Hierbei ist es jedoch wichtig, sich den Streckenverlauf schon weit voraus anzusehen. Fährt man besser links von der Spur, oder doch lieber rechts? Wird der Platz neben dem Weg auf der einen Seite zu schmal, weil beispielweise Bäume direkt am Weg stehen, der Rand plötzlich steil abfällt oder zu einer Wand aufsteigt, rutscht man schnell in die Spur oder riskiert Schäden am Fahrzeug. Sitzt das Fahrzeug trotz aller Vorsicht auf, muss es mit Bergegurt und zweitem Fahrzeug oder der Seilwinde geborgen werden. In der Regel sitzt der Wagen mittig mit dem Bauch auf. Mit der Schaufel wird man in fast allen Fällen nicht so weit unter den Wagen kommen, dass man Erde, Schlamm oder Sand wegschaufeln kann. Dennoch sollte man – wenn man nach vorne birgt – vor dem Fahrzeug so viel Material abtragen, wie es geht, damit der Wagen nicht unnötig über den Boden gezogen wird. Außerdem erleichtert das die Bergung. Birgt man nach hinten, ist die Spur meist passierbar, denn man ist dort ja schon gefahren. Dennoch schadet es nicht, die eine oder andere Stelle mit der Schaufel etwas abzuflachen.

Bleibt das Fahrzeug stecken, werden Füße und Beine mitunter ziemlich dreckig. Hier sind sogar die Sandalen im Schlamm steckengeblieben.

Schritt für Schritt – Spurrinnen befahren

- Länge und Tiefe der Spurrinne prüfen.
- Tiefe Rinnen gegebenenfalls mit der Schaufel auffüllen oder mit Ästen oder Steinen füllen.
- Bergematerial bereithalten.
- Untersetzung einlegen.
- Wenn nötig, versetzt zur Spurrinne fahren.
- Vorab prüfen, auf welcher Seite der Spur gefahren werden soll.

Auf gar keinen Fall ...

- ... in der Spurrinne fahren, wenn die Bodenfreiheit nicht ausreicht.
- ... ohne Schaufel und Bergematerial unterwegs sein.
- ... weiter Gas geben, wenn das Fahrzeug feststeckt – es gräbt sich nur tiefer ein.

Wasserdurchfahrt

- Wattiefe des Fahrzeugs ermitteln
- Wassertiefe prüfen
- Grund auf Hindernisse absuchen
- Langsam ins Wasser fahren
- Stetig durchfahren
- Bugwelle vor sich herschieben
- Beim Ausfahren etwas Gas geben

Ob auf Offroad-Fahrgeländen oder irgendwo unterwegs, Wasserdurchfahrten sind ein Highlight beim Offroaden. Und spektakuläre Bilder gibt es obendrein. Also Gas und durch. Nein! Bitte, bitte nicht. Denn gerade bei der Wasserdurchfahrt sind ein paar wichtige Dinge zu beachten, damit das Fahrzeug unbeschadet wieder aus den Fluten auftaucht.

Der erste Punkt ist die sogenannte Wattiefe. Sie gibt an, wie tief das Wasser sein darf, durch das der Offroader unbeschadet durchfahren kann. In der Regel ist sie im Handbuch zu finden oder man recherchiert sie im Internet. Die Wattiefe wird von verschiedenen Faktoren wie den Entlüftungen von Achsen und Getriebe oder der Elektrik, vor allem aber auch durch die Höhe der Luftansaugung bestimmt. Denn kommt Wasser in den Ansaugtrakt, macht der sogenannte Wasserschlag dem Motor rausch den Garaus. Im Gegensatz zur Luft, die hier für die Bildung des Kraftstoff-Luft-Gemischs angesaugt wird, lässt sich Wasser nicht komprimieren. Also muss die Kraft, mit der der Kolben dagegen drückt, irgendwo anders abgeleitet werden. Ein Loch im Zylinder oder ein nach unten herausgerissener Kolben sind die Folge.

Doch auch wenn die zu durchfahrende Wassertiefe innerhalb der angegebenen Wattiefe liegt, kann es dazu kommen, dass der Motor einen guten Schluck nimmt. Fährt man zu schnell ins Wasser hinein, schwappt es schnell über die Haube. Die Gefahr, dass dabei auch Wasser in die Luftansaugung läuft, ist groß. Ein weiterer Punkt, der dafür sorgen kann, dass das Wasser da landet, wo es nicht soll, ist der Lüfter. Dreht er munter seine Runden, verteilen die Flügel das Wasser im gesamten Motorraum. Dabei kann dann schnell auch etwas in den Luftfilter gelangen.

Daher gilt: Erst checken, wie tief das Wasser ist und ob der Untergrund fest oder weich und schlammig ist, ob er steinig ist und ob es vielleicht Hindernisse wie Steine oder tiefe Löcher gibt, wo das Fahrzeug noch tiefer einsinken kann. Wenn es passt, langsam reinfahren, stetig durch und die entstehende Bugwelle möglichst konstant vor sich herschieben. Beim Rausfahren, gerade an etwas steileren Ufern, dann etwas mehr Gas geben, damit man nicht kurz vor dem Ziel doch noch steckenbleibt.

Der sich drehende Lüfter kann das (verschlammte) Wasser im ganzen Motorraum verteilen. Dabei kann es auch in die Elektrik oder den Luftfilter gelangen.

In Wasser wird immer nur langsam hineingefahren. Große Wellen oder Wasserfontänen können Schäden verursachen.

Die Durchfahrt erfolgt stetig und mit konstanter Geschwindigkeit. Nach Möglichkeit nicht abbremsen oder langsamer werden.

Während der Durchfahrt versucht man, die entstehende Bugwelle möglichst vor sich herzuschieben, damit sie nicht zurückschwappt.

Beim Herausfahren kann man besonders an steileren oder rutschigen Ufern etwas mehr Gas geben, damit man problemlos aus dem Wasser wieder herauskommt.

Schritt für Schritt – Wasserdurchfahrt

- Die maximale Wattiefe des Fahrzeugs ermitteln. Sie ist in der Regel im Handbuch angegeben.
- Prüfen, wie tief das Wasser und wie der Untergrund beschaffen ist. Ein Stock hilft dabei, zur Not geht man zuerst zu Fuß durch.
- Nur langsam ins Wasser fahren. Dabei keine großen Wellen oder Wasserfontänen verursachen.
- Stetig und mit konstanter Geschwindigkeit durchfahren.
- Dabei die Bugwelle möglichst vor sich herschieben.
- Beim Herausfahren etwas Gas geben. Ist die Ausfahrt etwas steiler oder rutschig, kommt man so leichter wieder heraus.

Auf keinen Fall ...

- ... in zu tiefes Wasser fahren. Immer die maximale Wattiefe des Fahrzeugs beachten.
- ... zu schnell ins Wasser hineinfahren. Das Wasser kann dabei in den Ansaugtrakt geraten und Schäden am Motor verursachen.
- ... mit wechselnder Geschwindigkeit durchs Wasser fahren. Das Wasser kann dabei zurückschwappen und dorthin gelangen, wo es nicht hin soll.
- ... im Wasser zum Stehen kommen.

Fahren im Sand

- Luftdruck absenken
- Schaufel mitnehmen
- Sandboards oder Sandbleche mitnehmen
- Ladung sichern
- Vorhandene Spuren nutzen
- Sachte Gas geben
- Sanfte Lenkbewegungen

Mit Vollgas die Düne rauf, ein kurzer Sprung über den Dünenkamm und auf der anderen Seite wieder runter. Spielen im Sandkasten für große Kinder mit großen Spielzeugen. Was kann es Schöneres geben? Also Gas geben und rauf auf den nächsten Dünenkamm.

Doch plötzlich fangen die Räder an durchzudrehen, der Wagen wird langsamer, bleibt schließlich stehen. Festgefahren. Passiert, kein Problem. Gas geben, dabei am Lenkrad drehen, und wenn das nicht funktioniert, dann eben mit schnellen Gangwechsel vor- und zurückschaukeln. Wäre doch gelacht, hat im Schlamm schon etliche Male funktioniert. Komisch, nur hier will es irgendwie nicht klappen. Statt vor- oder rückwärts geht es nur tiefer in den Sand. Hinten links hat sich schon das halbe Rad eingegraben. Noch ein Gasstoß und die Achse sitzt auf.

Spätestens ab jetzt wird es mühselig und schweißtreibend. Der Offroader sitzt nämlich fest, und zwar so richtig. Was man jetzt braucht, sind eine Schaufel, Muskeln und gute Kondition. Denn der Wagen muss ringsum und untendrunter freigegraben werden. Je mehr, desto besser. Denn jetzt einfach einen Gurt an ein zweites Fahrzeug hängen und ziehen kann helfen, muss

Im Sand sollte man nur langsam Schwung holen und schneller werden. Gibt man zu schnell zu viel Gas, kann sich das Fahrzeug eingraben.

Wenn sich ein Rad eingräbt, sofort das Gas wegnehmen. Jetzt geht es nicht mehr nach vorne, nur noch nach unten und tiefer in den Sand.

es aber nicht. In jedem Falle tut sich das Bergefahrzeug leichter, je weniger tief der Pechvogel im Sand steckt. Außerdem kommt es im Sand darauf an, ob das Bergefahrzeug genügend Grip hat oder sich ebenfalls eingräbt.
Wäre die Situation vermeidbar gewesen? Unter Umständen ja. Denn auch beim Sandfahren gibt es ein paar Dinge zu beachten. Als erstes wäre da der richtige Luftdruck in den Reifen. Er sollte so weit wie möglich abgesenkt werden, um die Aufstandsfläche zu vergrößern. Wie weit der Druck abgesenkt werden kann, ohne dass der Reifen anfängt, sich auf der Felge zu drehen, sollte man jedoch unbedingt vorab ermitteln, da sich nicht alle Reifengröße und vor allem -breiten gleich weit absenken lassen. Außerdem sollte man möglichst nur bereits vorhandene Spuren nutzen. Vor allem beim Fahren im weichen Sand

hilft es nur, sachte Gas zu geben und zu bremsen, da sich sonst die Reifen schnell eingraben können. Ist das geschehen, auf keinen Fall weiter Gas geben, sondern das Fahrzeug freigraben und bergen. Bergab wird auch im Sand in Falllinie gefahren, damit das Fahrzeug nicht quer zum Hang kommt. Kommt das Heck dennoch quer, wird sofort etwas Gas gegeben, um das Fahrzeug wieder gerade zu ziehen. Bremst man in dieser Situation, kommt das Heck nur noch weiter herum. Drohen die Vorderräder sich einzugraben, wird ebenfalls sofort gefühlvoll Gas gegeben, damit sich die Räder nicht eingraben.

Ein Sandblech oder Sandboard kann helfen, wenn es im Sand nicht mehr vor- oder auch rückwärts geht.

Schritt für Schritt – Fahren im Sand

- Luftdruck absenken, um die Aufstandsfläche zu erhöhen. 0,8 bis 1 bar sind bei den meisten Reifen ein guter Wert.
- Möglichst vorhandene Spuren nutzen. Hier ist der Sand in der Regel tragfähig.
- Nur sachte Gas geben und bremsen. Schnelle und ruckartige Drehungen oder Verzögerungen der Reifen führen dazu, dass sie im Sand einsinken.
- Sanfte Lenkbewegungen. Ruckartige Bewegungen am Lenkrad können ebenfalls dazu führen, dass die Räder einsinken.
- Schaufel und Sandboards mitnehmen. Sie helfen, wenn nichts mehr geht.

Auf keinen Fall ...

- ... im Sand schalten. Sobald die Kupplung getreten wird, wird der Wagen sofort langsamer und kann steckenbleiben.
- ... Gas geben, wenn der Wagen feststeckt. Die Räder graben sich nur tiefer in den Sand.
- ... vergessen, die Schaufel zu benutzen. Sie macht jede Bergung leichter, auch wenn der Einsatz schweißtreibend ist.

Tipp

Je kühler der Sand ist, umso tragfähiger ist er in der Regel. Für Wüstenfahrten gilt also, dass man Dünenpassagen möglichst morgens durchführt, wenn der Sand noch nicht zu heiß ist.

Fahren im Schnee

- Auto vom Schnee befreien
- Scheiben-Frostschutz
- Kühler-Frostschutz
- Winterreifen
- Schneeketten
- Kleidung beim Fahren
- Reifendruck
- Langsam und vorausschauend fahren

Ob mit dem Pickup über verschneite Pfade zur Berghütte oder mit dem Allradler über die geschlossene Schneedecke auf der Autobahn zur Arbeit – auf der weißen Winterpracht fährt es sich anders als auf trockenem Asphalt. Auch, wenn noch keiner sagen kann, wie schneereich der nächste Winter wird – eins dürfte sicher sein: Er kommt bestimmt.

Gut also, wenn man das Auto rechtzeitig auf die kalte Jahreszeit vorbereitet. Zwar bietet der Allradantrieb im Winter echte Vorteile, doch auch mit ihm stößt man irgendwann an Grenzen. So sind reine Gelände- oder gar Sommerreifen eine genauso schlechte Wahl wie das falsche Mittel für die Scheibenwaschanlage. Gerade bei den Reifen begibt man sich unter Umständen gleich doppelt aufs sprichwörtliche Glatteis, da in Deutschland seit Dezember 2010 eine Winterreifenpflicht bei winterlichen Straßenverhältnissen gilt.

Doch nicht nur das Fahrzeug sollte fit für den Winter gemacht werden. Auch Fahrer oder Fahrerin sollten sich darauf vorbereiten und wissen, wie sie in kritischen Situationen richtig reagieren können. Bringt ein beherzter Tritt auf die Bremse den Wagen auf trockener Straße schnell zum Stehen, kann der gleiche Tritt im Winter für eine ungewollte Rutschpartie sorgen, die im schlimmsten Fall dort endet, wo sie nicht hätte enden sollen: am Baum, im Straßengraben oder an einem anderen Fahrzeug.

Allgemeines

Auto vom Schnee befreien

Vor der Abfahrt sollte das Auto komplett von Schnee und Eis befreit werden. Auch wenn es mühselig und der Offroader hoch ist, auch vom Dach muss der Schnee runter. Nur ein Loch in die Frontscheibe zu kratzen, damit man notdürftig nach vorne schauen kann, reicht nicht aus. Auf keinen Fall heißes Wasser auf die Scheiben gießen, um sie eisfrei zu bekommen. Der Hitzeschock kann Risse im Glas verursachen.

LED-Scheinwerfer

So hell das Licht moderner LED-Scheinwerfer auch sein mag, sie haben im Winter einen entscheidenden Nachteil: Da sie nicht warm werden, bleibt Schnee auf ihrer Glasfläche haften. Erst wird es kaum merklich dunkler vor dem Fahrzeug, und irgendwann glaubt man zwei trübe Funzeln vorne drin zu haben. Einige An-

Vor Fahrtantritt sollte der komplette Wagen von Schnee befreit werden. Das gilt auch für das Dach.

Manche LED-Scheinwerfer sind mit beheizter Frontlinse erhältlich. Dadurch schmilzt der Schnee und kann sich nicht festsetzen.

Im Winter eine Flasche mit Scheibenreiniger mitzuführen, ist eine gute Idee. Ist der Tank alle, kann man anhalten und nachfüllen.

bieter führen zwar mittlerweile LED-Hauptscheinwerfer im Programm, die mit beheizter Frontlinse ausgestattet sind, für alle anderen aber gilt: Regelmäßig die Scheinwerfer vom Schnee befreien.

Scheibenreinigungs-Flüssigkeit

Wer schon einige Winter im Auto hinter sich hat, weiß, dass die Frontscheibe trotz Scheibenwischer schneller undurchsichtig wird als einem lieb ist. Will man nicht alle paar Kilometer anhalten und die Scheibe mit einer Handvoll Schnee reinigen, ist eine funktionierende Scheibenwaschanlage im Winter also Pflicht. Das Nonplusultra bietet dabei eine heizbare Anlage mit heizbaren Düsen. Doch es geht auch ohne. Dazu muss jedoch das richtige Scheibenreiniger-Konzentrat in der richtigen Dosierung in den Wasserbehälter gefüllt sein. Die Mischung zwischen Wasser und Konzentrat kann man der Beschreibung auf der Flasche oder dem Kanister entnehmen. Da im Winter das Scheibenwasser schneller aufgebraucht ist als in anderen Jahreszeiten, empfiehlt es sich, zusätzlich eine Flasche mit fertig gemischtem Scheibenwasser dabei zu haben. So kann man schnell nachfüllen, wenn das Waschwasser alle ist.

Kühler-Frostschutz

Bei den meisten modernen Autos erübrigt sich die Kontrolle der Kühlerflüssigkeit. Sie sind ab Werk mit dem richtigen Mittel befüllt, die Füllung muss in der Regel nicht getauscht werden und friert auch bei tiefen Temperaturen nicht ein. Problematisch sind meist ältere Fahrzeuge, die ab und an irgendwo Kühlerflüssigkeit verlieren und bei denen man immer nur Wasser nachgekippt hat. Hier empfiehlt es sich, genauer hinzuschauen. Kann man Frostschutzmittel nachgießen oder sollte man lieber gleich über einen kompletten Tausch nachdenken? Wird die Kühlerflüssigkeit getauscht, sollte man sich vorab informieren, wie viele Liter in das System gehen. Die Mischung der neuen Flüssigkeit erfolgt dann nach den Angaben des Frostschutz-Herstellers.

Winterreifen

In Deutschland gilt seit dem 4. Dezember 2010 bei winterlichen Straßenverhältnissen Winterreifenpflicht. Sie ist festgelegt in § 36 Absatz 4 der Straßenverkehrs-Zulassungs-Ordnung. Hier ist geregelt, dass Winterreifen das Alpine-Symbol, das ein Bergpiktogramm mit Schneeflocke zeigt, tragen müssen. Absatz 4a regelt jedoch eine Übergansfrist bis zum 30. September 2024. Bis dahin können auch noch Reifen gefahren werden, die über die M+S-Kennung verfügen. Allerdings dürfen diese Reifen nicht nach dem 31. Dezember 2017 hergestellt worden sein. Reifen, die ab dem 1. Januar 2018 hergestellt wurden, müssen das sogenannte Schneeflocken-Symbol tragen, wenn sie als Winterreifen deklariert sind.

Geländereifen mit Alpine-Symbol

Verschieden Reifenhersteller bieten Geländereifen mit Schneeflocken-Symbol an. Auch wenn ein reiner Winterreifen definitiv über noch mehr Grip verfügt, sind die Leistungen der All-Terrain-Reifen auch bei tiefem Schnee durchaus überzeugend. Dennoch sollte man mit ihnen beim Fahren eine gewisse Vorsicht walten lassen, denn sie sind Allround-Reifen, die von allem ein bisschen bieten – aber eben nichts davon in Perfektion.

Schneeketten

Ist der Schnee tief oder geht es gar ins verschneite Gelände, sind Schneeketten auf den Rädern empfehlenswert. Sie erhöhen die Traktion und sorgen so für Vortrieb und für Sicherheit. Bei einem allradgetriebenen Fahrzeug sollten die Ketten auf allen vier Rädern montiert werden. Hat man nur zwei Ketten zur Verfügung, stellt sich die Frage, auf welche Achse sie montiert werden sollen. Hier scheiden sich die Geister, und die Diskussionen darüber sind schier endlos. Manche befürworten die Vorderachse, da durch den schweren Motor mehr Gewicht auf der Achse lastet und so ein höherer Druck auf den Untergrund entsteht. Auf der anderen Seite bietet die Montage auf der Hinterachse einen besseren Schutz gegen das Ausscheren des Hecks auf glatten Untergründen. Eindeutige Vorschriften oder Regeln hierfür gibt es nicht. Manchmal hilft jedoch ein Blick in die Bedienungsanleitung des Fahrzeugs, sofern der Hersteller hier eindeutige Vorgaben gemacht hat. Sind sie nicht vorhanden, muss letztlich jeder Fahrer für sich selbst entscheiden, wie er mit den Ketten sicher ans Ziel gelangt.

Geländereifen, die über dieses Symbol verfügen, sind als Winterreifen zugelassen.

Schneeketten anlegen

Das Anlegen der Ketten kann eine Wissenschaft für sich sein. Je nach System und Hersteller lassen sie sich im Stand anlegen, ohne das Fahrzeug zu bewegen, oder die Kette muss vor dem Reifen ausgelegt und dann ein Stück weit darauf gefahren werden, damit sie montiert werden kann. Eine Matte, auf die man sich dabei knien kann, bewahrt einen vor kalten Knien und nasser Hose, Handschuhe vor kalten und klammen Fingern. Damit man das

Anlegen der Schneeketten mit all seinen Tücken auch problemlos bei Nacht und klirrender Kälte beherrscht, ist es sinnvoll, das Anlegen der Ketten ein paarmal „im Trockenen“ zu üben. Denn es gibt durchaus Schöneres, als bei eisiger Kälte am Anlegen der Ketten zu verzweifeln.

Bei allradgetriebenen Fahrzeugen sollten die Schneeketten an allen vier Rädern angelegt werden.

Schritt für Schritt

- Winterjacke ausziehen: Auch wenn es im Wagen anfänglich kalt ist, eine dicke Winterjacke behindert beim Fahren und beeinträchtigt die schnelle Reaktion. Ist es tatsächlich zu kalt, um sie direkt nach dem Losfahren auszuziehen, sollte man anhalten, sobald die Heizung das Wageninnere aufgewärmt hat. Spätestens dann die Jacke ausziehen.
- Auf das richtige Schuhwerk achten: In dicken Wanderstiefeln hat man weniger Gefühl für Gas, Bremse oder Kupplung als in leichten Sommerschuhen. Dicke Moon-Boots mit weicher Schaumstoff-Innensohle sind zwar wunderbar warm, aber zum Fahren gänzlich ungeeignet. Daher lieber ein zweites Paar Schuhe zum Wechseln mitnehmen.
- Scheibenwaschanlage gangbar halten: Schneematsch und Salz verbinden sich zu einem Gemisch, das die Scheiben innerhalb kürzester Zeit mit einer trockenen, weißen Schicht überzieht. Steht dann die Sonne noch tief, sieht man gar nichts mehr durch die Frontscheibe. Häufiges Spritzen und Wischen ist unerlässlich, um den Überblick über das Verkehrsgeschehen zu behalten. Eine Ersatzflasche mit fertiger Scheibenreiniger-Mischung hilft, wenn der Wassertank schnell leer wird.
- Auf den richtigen Reifendruck achten: Bei niedrigen Temperaturen, aber trockenem Wetter, sollten die Reifen mit einem um 0,2 bis 0,3 bar höherem Reifendruck gefahren werden als vom Fahrzeughersteller angegeben. Die vom Reifenhersteller einkalkulierte Druckerhöhung im Reifen ist im Winter geringer als bei sommerlichen Temperaturen. Bei Schneematsch und Glätte hingegen ist es sinnvoll, den Reifendruck – ähnlich wie beim Fahren im Gelände – abzusenken, um die Aufstandsfläche zu erhöhen.
- Langsam fahren: Langsam zu fahren ist in diesem Zusammenhang nicht gleichzusetzen mit „schleichen“. Vielmehr bedeutet es, den jeweiligen Umständen entsprechend langsamer zu fahren als auf trockener Straße. Das Fahrzeug sollte notfalls im zur Verfügung stehenden Raum zum Stehen kommen, wenn man bremsen muss.
- Vorausschauend fahren und Abstand halten: Die Verkehrssituation, die Gegebenheiten und die jeweilige Situation rechtzeitig einzuschätzen, hilft Unfälle und Schäden zu vermeiden. Hier sind Konzentration und der Blick voraus gefragt. Rechtzeitig vom Gas zu gehen, den Bremsvorgang einzuleiten oder mit dem Lenkvorgang zu beginnen, bringt wertvolle Meter.
- Starkes Bremsen vermeiden: Der Wagen rutscht bei getretener Bremse in der bislang gefahrenen Linie weiter und gern dahin, wo er maximalen Schaden an sich selbst, an anderen Fahrzeugen oder Gegenständen erzeugt. Selbst das stark eingeschlagene Lenkrad bewirkt keine Richtungsänderung.

Auf keinen Fall ...

- ... wilde Lenkbewegungen machen: Beim Lenken Kupplung treten oder bei Automatik-Fahrzeugen den Wählhebel auf N stellen und sanft dahin lenken, wo das Auto hin soll. Wenn man langsam unterwegs ist, klappt das auch.
- ... zu spät bremsen: Will oder muss man anhalten, es ist aber absehbar, dass das in der zur Verfügung stehenden Strecke nicht möglich ist, kann man den Wagen in einen Schneehaufen – insofern einer da ist – an den Fahrbahnrand oder den Bordstein lenken und das Auto so stoppen. Ist man langsam genug, passiert auch nichts oder zumindest nicht viel.
- ... blind auf die Elektronik verlassen: Nie darauf vertrauen, dass die vielen elektronischen Helferlein moderner Fahrzeuge es schon richten werden. Sie können die Physik nicht aushebeln.

Eine dicke Winterjacke behindert beim Fahren. Daher sollte man sie spätestens ausziehen, sobald es im Fahrzeug warm genug ist.

Fahren auf Eis

- Bremsen auf Eis
- Lenken auf Eis
- Gas geben auf Eis
- Nicht auf öffentlichen Straßen üben

Während die Reifen auf geschlossener Schneedecke noch einigermaßen Grip haben, wird das Fahren auf Eis schnell zur Rutschpartie ins Ungewisse. Kommt das Fahrzeug beispielweise ins Rutschen und man tritt dann auf die Bremse und lenkt ein, rutscht der Wagen unbeeindruckt in der bislang gefahrenen Linie weiter und gerne dahin, wo er maximalen Schaden (an sich selbst und anderen Fahrzeugen oder Gegenständen) erzeugt. Es gilt das Gleiche wie beim Fahren auf Schnee: Sofort die Kupplung treten oder Automatik-Wählhebel auf N stellen und sanft dahin lenken, wo das Auto hin soll. Wenn man langsam unterwegs ist, klappt das auch. Will oder muss man anhalten, es ist aber absehbar, dass das in der zur Verfügung stehenden Strecke nicht möglich ist, kann man den Wagen auch auf Eis einfach in einen Schneehaufen (insofern einer da ist) am Fahrbahnrand oder an den Bordstein lenken und das Auto so stoppen. Ist man langsam genug, passiert auch nichts.
Auch beim Fahren auf Eis gilt: Keinesfalls auf die elektronischen Assistenzsysteme verlassen.

Das Fahren auf Eis auf keinen Fall im öffentlichen Straßenverkehr üben. Am besten geht es mit einem Instruktor auf abgesperrten Strecken.

Tipps für die Praxis

Erste Regel:

Bitte nicht auf öffentlichen Straßen üben! Wenn man auf Eis trainieren will, muss es auf einem weitläufigen, möglichst abgesperrten Gelände stattfinden. Sinn der Sache sollte es sein, zu lernen, das Fahrzeug besser zu beherrschen, wenn es im Winter auf der Straße ausbricht oder in Kurven anfängt zu rutschen. Wenn man Rallye-Ambitionen hegt, sollte man diese auf den dafür vorgesehenen Strecken ausleben.

Zweite Regel:

Nicht zu stark lenken! Wird der Lenkeinschlag zu groß, erreicht man das Gegenteil von dem, was man erreichen will. Das Fahrzeug fährt, oder besser gesagt, rutscht nicht dahin, wo man hin will. Leichte Lenkbewegungen. Am Scheitelpunkt der Kurve die Lenkung wieder aufmachen, aber nicht wild gegenlenken.

Dritte Regel:

Keine Angst vor dem Gaspedal! Nimmt man im entscheidenden Moment, wenn der Wagen quer kommt, das Gas weg, kommt das Heck unweigerlich rum. Lenkt man dann wieder gegen, vielleicht auch hier zu viel, wandert das Heck genau in die entgegengesetzte Richtung und kommt auf der anderen Seite rum. Das Gas also stehen lassen. Nicht mehr Gas geben – aber eben auch nicht weniger.

Vierte Regel:

Übung macht den Meister, dann wird man auch beim Fahren auf Eis sicherer. Dabei ist jedoch unbedingt wieder Regel Nummer 1 zu befolgen.

Fahrzeugbergung

- Bergemittel, die man für die sichere Bergung dabeihaben sollte
- Richtiges Verhalten bei der Fahrzeugbergung
- Einsatz der Schaufel
- Axt, Säge und Co.
- Sandbleche und Bergeboards

Bleibt das Fahrzeug trotz aller Umsicht des Fahrers oder der Fahrerin stecken, muss es geborgen werden. Fahrten ins Gelände sollten daher immer mit mindestens zwei Fahrzeugen erfolgen. Denn der beste Bergegurt hilft nichts, wenn niemand da ist, der einen bergen kann. Auch die Sicherheit einer Seilwinde kann trügerisch sein. Ist kein Ankerpunkt vorhanden, dieser zu weit weg oder die Winde an der falschen Fahrzeugseite, hilft auch sie nur bedingt weiter.

Doch egal, ob allein unterwegs oder mit mehreren Fahrzeugen, ein paar Dinge gehören für die sichere Bergung eines Fahrzeugs im Gelände ins Gepäck. Lediglich mit einem Abschleppseil kommt man hier nicht weit.

Außerdem sollte man wissen, welche Möglichkeiten es für eine sichere Bergung im Gelände gibt und wie bei einer Bergeaktion vorzugehen ist, ohne Schäden an Material und Mensch zu verursachen.

Bergemittel, die man für die sichere Bergung dabeihaben sollte:

- Schaufel zum Bergen mit zwei Fahrzeugen und zum Bergen mit Seilwinde – gehört unbedingt ins Auto – mit ihr kann vorgearbeitet werden. Dabei werden zum Beispiel im Sand eingegrabene Räder freigelegt, vor und unter dem Fahrzeug befindlicher Schlamm beseitigt, Erhebungen abgeflacht oder Gräben aufgefüllt.
- Sandbleche zum Bergen mit zwei Fahrzeugen und Bergen mit Seilwinde – sie können zur Unterstützung unter die Räder gelegt werden, um den Grip zu erhöhen. Damit wird es für das bergende Fahrzeug oder die Seilwinde leichter das steckengebliebene Fahrzeug herauszuziehen.
- Starrer Bergegurt zum Bergen mit zwei Fahrzeugen und Bergen mit Seilwinde – hier werden oft als Hebegurte zugelassene Gurte verwendet. Bei ihnen ist auf einem Label unter der Bezeichnung WLL (Working Load Limit) die sichere Arbeitslast angegeben. Auch wenn für die Bruchlast bei diesen Gurten der siebenfache Wert gilt, sollte man sich ausschließlich im Rahmen der sicheren Arbeitslast bewegen. Dabei sollte man jedoch nicht das Fahrzeuggewicht als alleinige Grundlage annehmen, sondern berücksichtigen, dass beim Bergen aus einem Schlammloch mehr Kraft aufgewendet werden muss. Daher sollte man in etwa mit dem 2,5-fachen Wert rechnen. Bei Gurten, die speziell für die Bergung verkauft werden, ist jedoch oft nur die Bruchlast angegeben. Diesen Wert sollte man daher mindestens durch vier oder gar fünf teilen, um sich in einem sicheren Bereich zu bewegen.
- Kinetik-Bergeseil oder -gurt zum Bergen mit zwei Fahrzeugen – diese Gurte und Seile werden speziell als Offroad-Bergegurte und -seile verkauft. Hier ist meist nur die Bruchlast oder Breaking Strenght angegeben. Auch diesen Wert sollte man nicht als Grundlage für die Bergung verwenden. Kinetische Gurte und Seile weisen eine gewisse Dehnung auf, was für die Bergung gewollt ist, denn durch das anschließende Zusammenziehen wirkt zusätzliche Kraft auf das zu bergende Fahrzeug. Außerdem macht es die Bergung sanfter.
- Stahlschäkel zum Bergen mit zwei Fahrzeugen und Bergen mit Seilwinde – den klassischen Schäkel aus Metall gibt es in U- und in Omega-Form. Als Material kommen Stahl und Edelstahl zum Einsatz, die sichere Arbeitslast (WLL) ist auf dem Schäkel angegeben. Die Angabe ist entweder erhaben eingegossen oder eingestanzt. Geschlossen werden die Schäkel mit einem stabilen Bolzen, der eingeschraubt wird. Hierbei darauf achten, dass der Bolzen nie ganz fest zugeschraubt wird. Damit er sich nach dem Bergeeinsatz wieder lösen lässt, wird er

komplett zugedreht und dann um eine halbe Umdrehung wieder geöffnet. Dreht man ihn dagegen fest, kann es passieren, dass er sich nach dem Einsatz nicht mehr lösen lässt.

- Seilschäkel zum Bergen mit zwei Fahrzeugen und Bergen mit Seilwinde – ursprünglich stammen diese Schäkel aus der Seefahrt. Die Seilschäkel aus Tauwerk versprechen ähnlich hohe Bruchlasten wie Stahlschäkel, wiegen jedoch deutlich weniger. Um sie zu befestigen, wird der Knoten durch die Öffnung des Schäkels gezogen. Beim Einsatz muss der Knoten seitlich liegen. Ein weiterer Vorteil ist, dass sie durch ihr weiches Material keine Beschädigungen am Fahrzeug oder anderen Dingen verursachen können. Dafür können sie selbst leichter beschädigt werden und unterliegen einem Alterungsprozess. Sind sie beschädigt oder haben sie ein gewisses Alter erreicht, sollten sie daher ausgetauscht werden.
- Umlenkrolle zum Bergen mit der Seilwinde – eine Umlenkrolle lässt sich beim Bergen auf zwei Arten verwenden: Zum einen lässt sich die Zugkraft einer Seilwinde verdoppeln, zum

anderen lässt sich die Seilrichtung über einen Umlenkpunkt zur Seite hin verändern, wobei die Zugkraft jedoch gleich bleibt. Es wird lediglich die Zugrichtung umgeleitet.

WICHTIG 1: Alle für die Bergung eingesetzten Gurte, Seile, Schäkel und Umlenkrollen müssen über vergleichbare sichere Arbeitslasten verfügen, und auch die Bergeösen sollten den Zug sicher aushalten. Denn die Kette bricht am schwächsten Glied.

WICHTIG 2: Alle Personen, die nicht an der Bergung beteiligt sind, verlassen den Gefahrenbereich und halten einen ausreichenden Sicherheitsabstand ein. Bei einer Bergung mit der Seilwinde oder dem Bergegurt ist das mindestens das 1,5-Fache der verwendeten Seil- oder Gurtlänge. Ein reißendes Windenseil, ein gerissener Bergegurt oder ein abgescherter Schäkel können schwerste Verletzungen oder gar den Tod verursachen.

Richtiges Verhalten bei der Fahrzeugbergung

Bevor Bergegurte oder die Seilwinde zum Einsatz kommen, wird mit der Schaufel vorgearbeitet. Manch aufwändige Bergeaktion wird dadurch oft unnötig. Ist der Sand unter dem Auto weggeschaufelt oder die Schlammkuhle, in die sich die Reifen gegraben haben, abgeflacht, kommt man vielleicht schon aus eigener Kraft weiter.
Bei allen Bergemanövern gilt: Umsicht bewahren! Zuerst überlegen, wie das Fahrzeug am besten zu bergen ist, dann agieren. Gibt es verschiedene Möglichkeiten, den Wagen zu befreien? Geht es besser nach vorne oder in der eigenen Spur zurück?
Was gemacht wird und wie es weitergeht, entscheidet nur einer: der Fahrer! Außerdem wird geklärt, wer von außen An- und Einweisungen gibt. Und das ist nur eine Person. Der Fahrer konzentriert sich ausschließlich auf sie und folgt unbedingt ihren Anweisungen. Vorab wird sich auch auf die Handzeichen verständigt, damit jeder weiß, was sie bedeuten. Die anderen beobachten und stoppen die Aktion allenfalls, wenn etwas schiefgeht. Lautes Durcheinanderschreien und zehn verschiedene Kommandos gleichzeitig sind nicht zielführend und verursachen nur Verwirrung und Chaos.
Besonders wichtig: Alle Personen, die nicht an der Bergung beteiligt sind, verlassen den Gefahrenbereich und halten einen ausreichenden Sicherheitsabstand ein..

Weitere Bergemittel

Weitere mögliche Hilfsmittel für die Fahrzeugbergung sind:

- Axt, Beil, Säge und Astschere (Seite 105)
- Hi-Lift (Seite 164)
- Bergeschäkel mit Hi-Lift (Seite 160)
- Greifzug (Seite 139)
- Hooist (Seite 152)
- Wagenheber (Seite 113, 116, 162, 164, 169, 174)

Vor der Bergung wird geklärt, wie und in welche Richtung das Fahrzeug am besten geborgen werden kann. Die Entscheidung trifft der Fahrer oder die Fahrerin.

Bevor Gurt oder Winde zum Einsatz kommen, wird mit der Schaufel vorgearbeitet. Das erleichtert die Bergung.

Checkliste Fahrzeugbergung

Ruhe bewahren	Das Fahrzeug steckt ohnehin fest. Mit wenigen Ausnahmen ist jetzt keine Hektik notwendig
Besprechen, wie geborgen wird	In welche Richtung, mit welchen Bergemitteln, und welche Personen daran beteiligt sind
Handzeichen und Signale absprechen	Damit alle wissen, was gemeint ist
Der Fahrer des steckengebliebenen Fahrzeugs entscheidet, wie geborgen wird	Er hat die Verantwortung für sein Fahrzeug
Besprechen, wer von außen kontrolliert und gegebenenfalls Anweisungen oder ein Stoppsignal gibt	Nur eine Person. Rufen oder schreien viele durcheinander, führt das zu Chaos
Alle, die nicht an der Bergung beteiligt sind, entfernen sich aus dem Gefahrenbereich	Mindestens 1,5-Fache Seil- oder Gurtlänge

Einsatz der Schaufel

Eine Schaufel gehört zu den Dingen, die unbedingt ins Auto gehören, wenn man im Gelände unterwegs ist. Sie ist insbesondere unterwegs bei der Fahrzeugbergung unverzichtbar. Denn ein paar Minuten körperliche Arbeit können oft schon helfen, das Fahrzeug und damit sich selbst aus einer misslichen Lage zu befreien. Steckt der Offroader fest, hat man meist auch einen Haufen Sand, Matsch, Erde, Geröll, Steine oder gar Felsbrocken unter dem Bauch oder vor den Rädern und sonstigen tiefsitzenden Fahrzeugteilen. Würde man nun mit viel Kraft mit einen Gurt oder Seil am Wagen zerren, müsste man diese Hindernisse überwinden. Räumt man sie zuvor mithilfe einer Schaufel oder eines Spatens beiseite, macht man sich die Bergung nicht nur leichter, sondern minimiert auch das Schadensrisiko. Und oft genug wird sogar der Einsatz von Gurt oder Seilwinde überflüssig.

Aber auch schwierige Passagen lassen sich mit einer Schaufel entschärfen. So lässt sich zum Beispiel eine steile Kuppe abtragen, ein Graben auffüllen oder eine steile Böschung abflachen. Ein paar Minuten bei ehrlicher Arbeit geschwitzt, und das Extra-Feierabendbier ist wohlverdient. Ist der zu bewältigende Erdhaufen größer, kann man sich gern auch beim Schippen abwechseln. Aber auch Schnee ist eine Sache für die Schaufel. Irgendwann kommt unweigerlich die Schneewehe, die zu hoch zum Durchfahren ist, oder der Schnee hat sich vor dem Auto aufgeschoben und

Auch bei der legendären Camel Trophy gehörte die Schaufel zur Grundausstattung.

Vor und unter dem Fahrzeug müssen so viel Sand, Erde, Steine oder sonstiger Dreck weg wie möglich.

es geht nicht weiter. Jetzt immer wieder mit Anlauf hineinzufahren, bis es endlich geht, wäre zwar eine Möglichkeit, aber man tut seinem Auto damit keinen wirklichen Gefallen.

Und last but not least ist da ja auch noch der berühmte Spatengang. Hat man keine Toilette im Fahrzeug, schnappt man sich eben kurzerhand die Schaufel und sucht sich ein gemütliches Plätzchen im Gebüsch. Die Hinterlassenschaft dann nach erfolgreicher Sitzung zu vergraben oder mit Erde zu bedecken, dürfte selbstverständlich sein – auch wenn das Fliegen gänzlich anders sehen.

Doch welche Schaufel nimmt man mit? Soll sie eher klein und handlich sein oder doch lieber ein oder zwei Nummern größer? Ist ein Klappspaten besser, oder packt man doch eine größere Schaufel ins Reisefahrzeug? Für was man sich entscheidet, hängt von verschiedenen Faktoren ab. Wieviel Platz man hat oder wohin die Reise geht, spielen dabei genauso eine Rolle wie die Frage, welche Untergründe auf der Tour zu erwarten sind. Man kann allerdings getrost folgenden Grundsatz formulieren: Eine kleine Schaufel ist besser als keine, eine große Schaufel besser als eine kleine.

Grundsätzlich gilt: Eine kleine Schaufel ist besser als keine, eine große besser als eine kleine. Sie muss aber auch Platz im oder am Fahrzeug finden.

Axt, Säge und Co.

Bei vielen Offroadern ist die Axt oder ein Beil fester Bestandteil der Fahrzeugausrüstung. Man kann damit sein Feuerholz hacken oder quer über den Weg liegenden Bäumen zu Leibe rücken, um diese leichter aus dem Weg zu räumen. Mit Axt oder Beil lassen sich in den Weg gewachsene Äste beseitigen. Außerdem lässt sich die flache Seite als Hammer nutzen, um zum Beispiel Heringe vom (Vor)Zelt, dem Tarp oder der Markise in den Boden zu schlagen.

Doch gerade das Kappen von kleineren Ästen oder widerspenstigen Zweigen geht meist schneller oder einfacher mit einer Säge oder tatsächlich mit einer gewöhnlichen Garten-Astschere mit langen Griffen. Gerade in den Weg stehende Äste lassen sich mit der Astschere mühelos und schnell abschneiden. Sind sie zudem weich und biegsam, hätte man mit der Axt ohnehin kaum eine Chance, sie mit einem Hieb zu durchtrennen.

In einer Bergesituation lassen sich Axt, Beil, Säge oder Astschere verwenden, um Äste und Zweige auf ein passendes Maß zu kürzen, damit man mit ihnen zum Beispiel Löcher oder Gräben ausfüllen oder sie unter die Reifen legen kann. Außerdem können herumliegende kleinere Stämme entastet werden, die dann als Führung genutzt werden können (Seite 47). Wie schon bei der Schaufel gilt auch hier: Eine Nummer größer bietet mehr Einsatzmöglichkeiten.

Bis zu einer gewissen Dicke lassen sich Zweige oder Äste am schnellsten mit der Astschere schneiden.

Eine Axt oder ein Beil gehört bei vielen Geländewagenfahrern mit zur Ausrüstung.

Ob man jedoch eine große Axt unterwegs wirklich braucht, bleibt fraglich.

Mit einer Säge lassen sich in den Weg ragende Äste meist besser beseitigen als mit der Axt.

Dafür sollte die Säge im schnellen Zugriff sein. Auch eine Machete oder Hippe können gute Hilfsmittel sein.

Eine Kombination aus Klappspaten, Beil und Säge ermöglicht mehrere Einsatzmöglichkeiten. Hier ist sogar ein Feuerstarter dabei.

Die Noppen auf Kunststoff-Bergeboards geben dem Reifen mehr Grip. Diese sind mit Fiberglas verstärkt, was die Abnutzung verringert.

Sandbleche und Bergeboards

Sandbleche oder Bergeboards können bei der Fahrzeugbergung eingesetzt werden, um beispielsweise im Sand oder Schlamm durchdrehenden Rädern zu Grip zu verschaffen. Dabei werden sie vor oder unter dem Rad platziert. Beim Anfahren soll das Rad dann über das Sandblech fahren und ein weiteres Durchdrehen verhindert werden. Diese Bergehilfen sind aus Stahl, Aluminium oder Kunststoff erhältlich.

Sandbleche aus Aluminium oder Stahl verfügen in der Regel über drei Reihen mit gestanzten, großen Löchern und über die ganze Länge gekantete Sieken. Da diese Art von Sandblech ursprünglich als Luftladeblech erfunden wurde, ist es für den Einsatz im Gelände jedoch nur eingeschränkt tauglich. Denn die – zumindest ursprüngliche – Form ist für die Fahrzeugbergung leider oft nur begrenzt geeignet. Das liegt vor allem daran, dass fertigungsbedingt nur eine Seite des Blechs Halt bietet, während die andere glatt ist. So findet entweder der Reifen Grip, während das Blech ungehindert über den Untergrund rutschen kann, oder das Blech hat einigermaßen Halt im Boden, während das Rad munter, aber ohne Vortrieb, über die glatte Fläche rotiert.

Ursprünglich wurde das Sandblech als Luftlandeblech entwickelt. Für den Offroad-Einsatz gibt es heute bessere Lösungen.

Das Angebot an Sandboards aus Kunststoff ist groß. Die Qualität ist jedoch unterschiedlich, und nicht alle sind für jeden Einsatzbereich geeignet.

Eine echte Alternative bieten die verschiedenen Sandboards aus Kunststoff. Durch ihre Form können sie sich sowohl im Untergrund festkrallen als auch dem Reifen genug Grip bieten. Mit einigen Modellen ist sogar der Bau einer kurzen Brücke möglich. Auch zum Überwinden von Absätzen sind die Kunststoff-Boards durchaus geeignet. Zur Not baut man ein wenig unter.

Die Uniko6in1 ist faltbar und lässt sich dem Boden anpassen.

Eine Lösung mit Mehrfachnutzen ist die „Uniko-6in1". Sie ist faltbar, weswegen man sie auch als Ausgleichskeil am Standplatz oder für viele andere Dinge nutzen kann. Kombiniert man sie mit den Offroadprofilen von Relleumdesign, die sich seitlich aufstecken lassen und so drei der Elemente fest miteinander verbinden, kann man damit auch kurze Gräben überqueren.

Mit den Offroadprofilen von Relleumdesign kann die Uniko6in1 auch zum starren Board werden.

So groß, wie heute die Bandbreite an Materialien und Formen der verschiedenen Produkte mittlerweile allerdings ist, so groß ist auch die Spannweite der Preise. Von rund 100 Euro bis knapp 500 Euro für das Paar Bergehilfen ist alles vertreten. Bevor es losgeht, sollte man sich auch Gedanken machen, wo die Sandbleche oder -boards transportiert werden sollen. Ebenso sollte man klären, ob ein Kunststoff-Board auf der geplanten Tour überhaupt einsetzbar ist oder ein klassisches Sandblech vielleicht doch die bessere Wahl darstellt. Denn das lässt sich zum Beispiel im Wüstensand gut einsetzen. Im Schlamm oder gar Schnee kämpft man damit dagegen oft auf verlorenem Posten. Außerdem stellt sich natürlich die Frage, ob man es auf der Tour überhaupt benötigt. Geht es lediglich über Schotterpisten und Feldwege, kann man in der Regel darauf verzichten.

Bergen mit dem Sandblech: So geht's

Der Einsatz eines Sandblechs oder Bergeboards klingt zunächst simpel: Blech unter den Reifen schieben und losfahren. Ganz so einfach ist es in der Regel jedoch nicht. Oft hat sich das Rad schon tief eingegraben, und man bekommt das Board nicht wirklich drunter. Hinzu kommt, dass starre Boards und Bleche oft nur in einem sehr steilen Winkel unter die Räder geschoben werden können. An Front und Heck ragen sie dann steil nach oben und liegen auch schnell an den Stoßstangen an. Der Einfahrtswinkel ist nicht optimal, es besteht auch die Gefahr von Fahrzeugbeschädigungen. Und in der Fahrzeugmitte bekommt man das Board meist gar nicht wirklich unter den Reifen.

Daher heißt es auch hier: schaufeln. Vor oder hinter dem Reifen – je nachdem, in welche Richtung es gehen soll – wird so viel Material abgetragen, dass das Blech möglichst flach liegt. Wenn nötig gräbt man auch unter dem Reifen frei. Damit das Fahrzeug dabei nicht weiter absackt, kann man es mit einem Klotz oder dem Wagenheber abstützen.
Eine weitere Einsatzmöglichkeit für Sandbleche besteht im Legen von Spuren. Ist man mit mehreren Fahrzeugen unterwegs, die Bleche oder Boards dabei haben, können die zu einer Spur ausgelegt werden. Dabei macht es durchaus Sinn, die Boards mit einer kurzen Leine oder einem Gurt zu verbinden. So fliegen sie nicht in der Gegend herum und bleiben mehr oder weniger in der Linie.

Für den Transport der Sandboards kann man schon mal zu ungewöhnlichen Lösungen greifen.

Ist man in einer Gruppe unterwegs und hat mehrere Bleche und Boards dabei, können damit in schwierigen Passagen auch Spuren gelegt werden.

Dabei sollten die Boards in Fahrtrichtung überlappend gelegt werden. Außerdem kann es sinnvoll sein, sie mit einem Gurt oder Kabelbinder zu verbinden, damit sie beim Befahren in der Spur liegenbleiben.

Manche Hersteller liefern ihre Boards bereits mit Leinen aus. Sie sind jedoch nicht dazu gedacht, das Board damit am Fahrzeug zu befestigen. Bleibt das Bord stecken und das Fahrzeug zieht an der Leine, gibt es einen Ruck und das Board kommt geflogen. Trifft es dann Fahrzeug oder umstehende Personen, sind Schäden und Verletzungen vorprogrammiert. Die mitgelieferten Leinen dienen dazu, das Board wiederzufinden, falls es sich bei der Bergeaktion eingegraben hat.

Auch wenn das Sandboard komplett unter Sand, Erde oder Schlamm verschwunden ist, schaut meist ein Teil der Leine irgendwo heraus. Daran kann man ziehen und findet so seine Bergehilfe problemlos wieder.

Achtung: Sandbleche oder Bergeboards können von den Rädern mit viel Geschwindigkeit herausgeschleudert werden. Daher sollte sich beim Gas geben niemand vor oder hinter dem Fahrzeug befinden, da Verletzungsgefahr droht.

Bevor es losgeht, wird geschaufelt. Je flacher der Bereich vor den Rädern, umso weniger steht das Blech in die Höhe, umso leichter das Befahren.

Die Bleche werden so weit wie möglich unter den Reifen geschoben. Idealerweise steht der Reifen schon leicht drauf.

Beim Befahren nicht zu viel Gas geben. Die Bleche können nach hinten herausgeschleudert werden und Schäden oder Verletzungen verursachen.

Vorsicht: Starre Bleche und Boards können nach dem Überfahren hochschlagen und den Offroader beschädigen.

Schritt für Schritt – bergen mit dem Sandblech

- Schaufel benutzen – je mehr Material vor dem Fahrzeug und den Reifen abgetragen ist, umso leichter lässt sich das Sandblech platzieren.
- Suchleine am Bergeboard befestigen
- Eventuell das Fahrzeug mit dem Wagenheber anheben, um das Sandblech unter den Reifen zu bekommen.
- Außenstehende Personen entfernen sich aus dem Gefahrenbereich.
- Langsam und vorsichtig Gas geben und herausfahren.

Auf keinen Fall …

- … Board mit einer Leine am Fahrzeug befestigen – bleibt es stecken, kann es mit einem Ruck freikommen und zum Geschoss werden.
- … losfahren, wenn sich Personen vor oder hinter dem Fahrzeug aufhalten – Verletzungsgefahr!
- … sich zusätzlich von Personen anschieben lassen – das Board kann durch die Räder weggeschleudert werden und Verletzungen verursachen.

Bergegurte und -seile

Ein Bergegurt oder ein Bergeseil sind gute Möglichkeiten, den steckengebliebenen Reise-Allradler wieder herauszuziehen. Für die Bergung mit dem Gurt oder dem Seil wird allerdings immer ein zweites Fahrzeug benötigt. Sowohl Bergegurte als auch Bergeseile sind in zwei Ausführungen zu bekommen: als kinetische, also dehnbare Gurte oder Seile, sowie als zugsteife, nicht dehnbare Bergemittel. Beide habe ihren eigenen Einsatzbereich und können nicht oder nur bedingt alternativ verwendet werden. Während die starren Versionen keine Dehnung zulassen, sind die kinetischen bis zu einem gewissen Grad dehnbar. Das Bergefahrzeug kann also mit etwas Geschwindigkeit in den Gurt fahren, ohne dass es einen heftigen Ruck gibt. Das kinetische Seil oder der kinetische Gurt dehnt sich, nimmt dabei Energie auf und zieht sich wieder zusammen. Hinzu kommt die Vorwärtsbewegung des Bergefahrzeugs. Mit einem kinetischen Bergemittel ist daher eine relativ sanfte Bergung möglich. Beim starren Gurt gibt es dagegen einen kräftigen Ruck, wenn man mit Schwung hineinfährt. Hier ist erhöhte Vorsicht geboten, da schnell Komponenten reißen oder Verbindungen brechen können.

Während man für das kinetische Seil ein zweites Fahrzeug benötigt, ermöglicht der starre Gurt auch andere Einsatzmöglichkeiten. Hat man eine Seilwinde zur Eigenbergung am Fahrzeug, findet der Gurt als Baumgurt (den man auch unbedingt verwenden sollte) oder Verlängerung Anwendung. Hat man keine Seilwinde dabei, aber einen Hi-Lift und zwei Relleumdesign-Bergeschäkel (Seite 160) an Bord, dann kann man sich mithilfe von zwei starren Bergegurten und ein paar normalen Schäkeln ebenfalls selbst helfen (Seite 118).

Schäkel

Ohne eine Auswahl an Schäkeln sind Bergegurte oder Bergeseile wertlos. Sie gehören also ebenfalls zur Ausrüstung. Dabei ist unbedingt zu beachten, dass die Bruchlasten zusammenpassen. Denn die Kette bricht bekanntermaßen am schwächsten Glied. Außerdem müssen Gurt und Schäkel auch zum Fahrzeuggewicht passen. Überdimensioniert dürfen sie gern sein, unterdimensioniert auf keinen Fall.

Schäkel als Verbindungselement sind aus Metall oder als leichte, weiche Tauwerk- oder Seilschäkel erhältlich, die keine Kratzer hinterlassen. Dabei erreichen die Tauwerkschäkel, je nach Stärke des verwendeten Taus, gleich hohe Bruchlasten wie Stahlschäkel, haben aber wesentlich weniger Gewicht. Ursprünglich stammen die Tauwerkschäkel aus der Seefahrt. Den klassischen Schäkel aus Metall, der sowohl in der Seefahrt als auch in der Fördertechnik eingesetzt wird, gibt es in U- und in Omega-Form. Als Material kommen Stahl und Edelstahl zum Einsatz. Zug- und Bruchlasten sind auf dem Schäkel angegeben. Geschlossen wird der Schäkel mit einem stabilen Bolzen, der eingeschraubt wird. Hierbei ist stets darauf zu achten, dass der Bolzen nie ganz fest zugeschraubt wird. Damit er sich nach dem Bergeeinsatz wieder lösen lässt, wird er komplett zugedreht und dann um eine halbe Umdrehung wieder geöffnet. Dreht man ihn dagegen fest, kann es passieren, dass er sich nach dem Einsatz nicht mehr lösen lässt.

Seilschäkel halten ähnlich hohe Bruchlasten aus wie Stahlschäkel, sind aber wesentlich leichter.

Stahlschäkel sind in Omega- oder in U-Form erhältlich. Sie bestehen aus Stahl oder aus Edelstahl.

Seil- oder Tauwerkschäkel kommen aus der Seefahrt. Der Knoten wird durch die Schlaufe am anderen Ende gezogen.

Schritt für Schritt – Verwenden von Schäkeln

Stahlschäkel

- Bolzen aus Stahlschäkel drehen,
- offenen Schäkel platzieren,
- Bolzen eindrehen, bis er am Anschlag ist,
- Bolzen eine halbe Umdrehung zurückdrehen.

Seilschäkel

- Auge des geschlossenen Schäkels durch „melken“ des Seils öffnen und den Knoten aus dem Auge ziehen,
- offenen Schäkel platzieren,
- Knoten wieder durch das Auge stecken,
- Auge durch „melken“ des Seils verkleinern, bis der Knoten nicht mehr hindurchpasst,
- Knoten und Auge seitlich platzieren.

Auf keinen Fall ...

- ... zu schwache Schäkel verwenden – die Arbeitslasten müssen zur Aufgabe und den übrigen Bergemitteln passen.

Bergen mit dem Gurt: So geht's

Für die Bergung mit einem zweiten Fahrzeug wird der Gurt oder das Seil mit Schäkeln an den Bergeösen beider Fahrzeuge angeschlagen. Dabei ist unbedingt darauf zu achten, dass die Arbeitslasten zusammenpassen. Ist das nicht der Fall, kann die „Kette“ an der schwächsten Stelle reißen. Außerdem sollte ein Gurt in zum Platz passender Länge gewählt werden. Ist er zu lang, kann man ihn auch doppelt nehmen oder mit dem Bergeschäkel in beliebiger Länge verkürzen (Seiten 162/163). Die Richtung, in die geborgen wird, sollte immer möglichst in der Richtung erfolgen, in der das zu bergende Fahrzeug auch steht. Dabei ist es egal, ob nach vorne oder nach hinten. Zieht das bergende Fahrzeug in seitlicher Richtung, lässt mit jedem Grad des Winkels die Zugwirkung für die Bergung nach, dafür erhöht sich die Kraft, die auf das Fahrzeug direkt wirkt. Je weiter der Zug zur Seite hin erfolgt, umso eher kann die Bergeöse am zu bergenden Fahrzeug abscheren oder der Wagen zum seitlichen Kippen gebracht werden.

Ist der Gurt sicher befestigt, wird er langsam auf Spannung gebracht, indem das Bergefahrzeug sich vom zu bergenden Wagen entfernt. In dieser Richtung sollte daher auch ausreichend Platz sein, damit die Bergung nicht mittendrin unterbrochen werden muss. Sind Gurt oder Seil straff, gibt der Fahrer des zu bergenden Fahrzeug Zeichen, dass er bereit ist. Nun versucht der Fahrer des Bergefahrzeugs, den feststeckenden Wagen langsam herauszuziehen.

Klappt das nicht, kann probiert werden, mit etwas Schwung in den Gurt zu fahren. Das ist mit kinetischen Gurten oder Seilen problemlos möglich, mit starren Gurten gibt es den erwähnten Ruck in beiden Fahrzeugen. Der Anlauf sollte also nicht zu groß sein, da die Gefahr groß ist, dass etwas reißt oder bricht.

Alle Personen, die nicht unmittelbar an der Bergung beteiligt sind, verlassen den Gefahrenbereich.

Für das Bergen mit dem Gurt lassen sich starre (grün) oder kinetische (orange) Bergegurte verwenden, die mit Stahl- oder mit Seilschäkeln kombiniert werden können. Dabei sollten die Arbeitslasten unbedingt zueinander passen.

Zunächst wird der Gurt am zu bergenden Fahrzeug angeschlagen. In unserem nachgestellten Beispiel verwenden wir dafür einen Seilschäkel.

Der Schäkel wird durch die Bergeöse und die Gurtschlaufe gezogen, der Knoten durch die flexible Schlaufe am Schäkel gesteckt.

Anschließend wird der Schäkel etwas „gemolken“, damit sich die Schlaufe zuzieht. Der Knoten muss beim Bergen seitlich sitzen.

Das Bergefahrzeug wird so weit herangefahren, dass der Gurt ausgerollt, aber locker zwischen beiden Fahrzeugen liegt.

Diesmal verwenden wir einen Stahlschäkel. Er wird so angebracht, dass man den Bolzen problemlos ein- und später wieder ausschrauben kann.

Der Bolzen wird zunächst ganz ein- und dann eine halbe Umdrehung zurückgedreht, damit er sich später wieder lösen lässt.

Nun kontrolliert man nochmal, ob auch alles sicher und fest sitzt und einigt sich auf eindeutige Signale und Zeichen für die Bergung.

Der Gurt wird vom Bergefahrzeug zunächst nur straffgezogen. Alle nicht mit der Bergung betrauten Personen halten einen ausreichenden Sicherheitsabstand ein (1,5-Fache Länge des Gurts).

Das Zeichen für den Start kann zum Beispiel ein deutlich sichtbar hochgereckter Daumen sein.

Jetzt versucht das Bergefahrzeug den anderen Wagen langsam herauszuziehen. Reicht die Kraft nicht aus, kann man es mit einem leichten Ruck versuchen. Muss der Ruck stärker sein, verwendet man besser einen kinetischen Gurt.

Als Zeichen für den (sofortigen) Abbruch der Aktion bietet sich die Hupe an. Sie wird betätigt, wenn das zu bergende Fahrzeug befreit ist oder wenn etwas nicht klappt.

Nicht ideal: Die Bergerichtung sollte immer in der Richtung erfolgen, in der das zu bergende Fahrzeug steht. Außerdem sollte das Bergefahrzeug ausreichend Grip haben. Beides ist nicht immer möglich.

Nicht immer ist die Bergung mit dem Gurt erfolgreich. Steckt das zu bergende Fahrzeug zu fest, drehen die Räder des Bergefahrzeugs auf dem Untergrund durch.

Manchmal hilft dann nur noch die Seilwinde. Reicht die Kraft nicht aus, kann man sie mit einer Umlenkrolle verstärken. Während der Bergung sollte man allerdings niemals ins Windenseil greifen und einen ausreichenden Sicherheitsabstand einhalten.

Schritt für Schritt – Bergen mit dem Bergegurt

- Ruhe bewahren – nicht in Panik ausbrechen und hektische Aktionen durchführen.
- Schaufel benutzen – je mehr Material vor den Rädern oder unter dem Fahrzeug abgetragen wird, umso leichter die Bergung.
- Bergung besprechen und sich auf Zeichen einigen – in welcher Richtung wird geborgen, auf welches Zeichen wird gestartet, auf welches abgebrochen?
- Gurt in passender Länge und mit passender Arbeitslast wählen – sie sollte über dem Fahrzeuggewicht liegen.
- Schäkel mit passender Arbeitslast auswählen und den Gurt an beiden Fahrzeugen anschlagen – den Bolzen am Stahlschäkel nicht komplett zudrehen, beim Seilschäkel den Knoten seitlich platzieren.
- Personen, die nicht unmittelbar an der Bergung beteiligt sind, verlassen den Gefahrenbereich – Verletzungsgefahr.
- Bergung möglichst in gerader Richtung durchführen – das zu bergende Fahrzeug nicht zur Seite ziehen.
- Den Gurt langsam auf Spannung bringen.
- Versuchen, das steckengebliebene Fahrzeug langsam herauszuziehen.
- Misslingt das, es mit etwas Anlauf versuchen – mit einem kinetischen Gurt oder Seil problemlos möglich, mit einem starren Gurt ist Vorsicht geboten.

Auf keinen Fall ...

- ... ohne Absprache und Verständigung über die Bergeaktion loslegen.
- ... Bergematerial verwenden, das zu schwach ist und reißen oder brechen könnte.
- ... Bergematerial kombinieren, das nicht zueinander passt.
- ... den Einsatz der Schaufel vor der Bergung vergessen.

Traktionsverbund

Schafft es ein Fahrzeug nicht, das zu bergende Fahrzeug aus dem sprichwörtlichen Dreck zu ziehen, kann man einen sogenannten Traktionsverbund bilden. Dabei werden zwei oder mehr Fahrzeuge hintereinander mit Gurten verbunden und ziehen dann auf Kommando gleichzeitig.
Die bessere und effektivere Variante ist jedoch, zwei oder mehr Fahrzeuge nicht „in Reihe“ an den Havaristen zu „spannen“, sondern „parallel“, also nebeneinander, sofern das von den räumlichen Gegebenheiten her machbar ist.

Bergen mit der Seilwinde

Ist man allein unterwegs, nutzen Bergegurte oder -seile wenig. Denn das zweite Fahrzeug für die Bergung fehlt. Eine Möglichkeit, sich selbst helfen zu können, ist die Montage einer Seilwinde am Fahrzeug. Die kann dann auch sinnvoll zum Einsatz kommen, wenn mehrere Fahrzeuge an der Tour teilnehmen. Grundsätzlich können hydraulische und elektrische Seilwinden montiert werden, wobei die hydraulischen Winden eher selten an Geländewagen oder Vans zu finden sind und die Auswahl auch nicht wirklich groß ist. In der Regel sind es daher die elektrischen Seilwinden, die an Geländewagen und Reisefahrzeuge geschraubt werden.

Hat man sich für die Montage einer Seilwinde entschieden, nimmt das vielen Situationen den Schrecken. Bleibt man irgendwo stecken, zieht man sich eben einfach wieder raus. Wobei das mit dem „einfach" in der Praxis dann oft doch nicht ganz so gut klappt, da es beim Winchen eine ganze Menge zu beachten gibt. Um die Seilwinde auch sinnvoll und effektiv einsetzen zu können, gehört noch etwas Zubehör mit ins Fahrzeug:

- Handschuhe – bei Seilwinden mit Stahlseil sind sie ein MUSS, bei Winden mit Kunststoffseil sinnvoll.
- Schäkel – egal ob Stahl- oder Seilschäkel, sie müssen zur Zug- und Bruchlast des Seils und der Winde passen. Merke: Die Kette bricht immer am schwächsten Glied.
- Baumankergurt – der beim Winchen wohl am meisten genutzte Ankerpunkt ist ein stabiler Baum. Dabei wird das Seil IMMER mit einem Baumankergurt angeschlagen, das Seil NIE direkt um den Baum gelegt. Das schädigt den Baum und beeinträchtigt die Bruchlast des Seils.
- Umlenkrolle – mit ihr lässt sich die Zugkraft der Winde erhöhen.
- Schutzdecke – sie wird auf das Seil gelegt, um es zu beschweren und bei einem Seilriss oder Schäkelbruch nach unten zu drücken.

Außerdem können ein zusätzlicher Bergegurt oder ein zusätzliches Seil als Verlängerung hilfreich sein. Dabei sollte man allerdings auch an die zusätzlich benötigten Schäkel denken und auch hier auf die Zug- und Bruchlasten achten.

Zunächst wird das Fahrzeug gesichert. An einem Hang kann der Wagen wegrollen, steht er schräg, kann er seitlich umkippen. Gegebenenfalls wird zusätzlich mit einem Gurt gesichert.

Nachdem geklärt ist, wie die Bergung am besten zu erfolgen hat, wird die Seilkupplung an der Winde geöffnet und das nun freilaufende Seil zum Ankerpunkt gezogen.

Nun wird das Seil am Ankerpunkt angeschlagen. Auch bei einem Baumstumpf sollte man dabei einen Baumgurt verwenden, damit das Seil keinen Schaden nimmt.

Zur Sicherheit wird eine Seilbeschwerung über das Seil gelegt. Sie soll das Seil zu Boden ziehen, falls es reißt. Zur Not kann hier auch eine Tasche oder eine (möglichst schwere) Jacke verwendet werden.

Ist alles sicher befestigt, kann die Seilkupplung wieder eingerückt werden. Anschließend startet man den Motor, damit die Batterie beim Winchen von der Lichtmaschine unterstützt wird.

Jetzt wird das Seil zunächst auf Spannung gebracht. Bevor es weitergeht, verlassen alle Personen, die nicht mit der Bergung betraut sind, den Gefahrenbereich. Der sichere Abstand beträgt mindestens das 1,5-Fache der Seillänge.

Beim Winchen wird nur mitgelenkt, aber nicht mit eingelegtem Gang unterstützt. Sackt die Drehzahl des Motors merklich ab, kann man im Leerlauf mit dem Gasfuß die Batterie unterstützen.

Ist das Fahrzeug aus seiner misslichen Lage befreit, wird es sicher abgestellt und der Motor ausgeschaltet. Nun geht es ans Aufräumen und Einpacken.

Das Seil der Winde wird eingezogen und dabei mit der Hand geführt. Hat es sich einseitig aufgespult, wird es noch mal abgezogen und sauber aufgespult. Beim Einpacken von Baumgurt und Schäkel darauf achten, dass man nichts übersieht oder den Bolzen eines Schäkels verliert.

Schritt für Schritt – Bergen mit der Seilwinde

- Ruhe bewahren – nicht in Panik ausbrechen und hektische Aktionen durchführen.
- Festgefahrenes Fahrzeug sichern – Handbremse anziehen, Motor ausschalten und 1. Gang einlegen oder Automatik in Parkposition stellen, wenn nötig zusätzlich mit Gurten sichern (z. B. wenn das Fahrzeug droht zu kippen).
- Schaufel benutzen – je mehr Material vor den Rädern oder unter dem Fahrzeug abgetragen ist, umso leichter die Bergung.
- Bergung besprechen und sich auf Zeichen einigen oder (wenn allein) überlegen, wie die Bergung am sinnvollsten durchzuführen ist – in welcher Richtung wird geborgen, auf welches Zeichen wird gestartet, auf welches abgebrochen?
- Möglichen Ankerpunkt auf Haltbarkeit prüfen.
- Kupplung der Seilwinde öffnen und Seil herausziehen.
- Seil bis zum Ankerpunkt ziehen – Schäkel, Baumgurt, Umlenkrolle und sonstiges benötigtes Material nicht vergessen.
- Windenseil am Ankerpunkt sicher anschlagen – bei Bäumen als Ankerpunkt IMMER einen Baumgurt nutzen, den Gurt weit unten bis etwa Hüfthöhe platzieren.
- Seildecke oder Beschwerung auf das Seil legen, ggf. Motorhaube aufstellen (reißt z. B. der Haken oder ein Schäkel am Ankerpunkt aus, schlagen sie in der Haube und nicht in der Scheibe ein, wenn sie in Richtung auf das Fahrzeug geflogen kommen).
- Motor am Fahrzeug starten, Kupplung an der Seilwinde einrücken und Seil langsam anziehen, bis es sich strafft.
- Alle Personen, die nicht unmittelbar mit der Bergung betraut sind, verlassen den Gefahrenbereich – mindestens das 1,5-Fache der Seillänge.
- Beim Anziehen des Windenseils nur mitlenken, nicht mit eingelegtem Gang Gas geben.
- Im Leerlauf leicht Gas geben, wenn die Drehzahl des Motors absackt.
- Nachdem das Fahrzeug geborgen ist, Motor abstellen, Fahrzeug sicher abstellen, Bergemittel am Ankerpunkt entfernen und Seil geführt einziehen.

Auf keinen Fall ...

- ... zu dünne Bäume oder lose Felsen als Ankerpunkt wählen – Hier ist keine sichere Bergung möglich und es besteht die Gefahr von Beschädigungen und Verletzungen.
- ... das Windenseil um einen Ankerpunkt (Baum oder Felsen) legen und den Haken im Seil einklinken – das mindert die sichere Arbeitslast des Seil und schädigt es, außerdem wird die Rinde von Bäumen dadurch beschädigt.
- ... winchen, wenn sich Personen im Gefahrenbereich befinden – Bilder und Videos lassen sich auch aus sicherer Entfernung aufnehmen.

Sicherheitstipp

Beim Einziehen des Seils ist etwas Vorsicht geboten. Die Hände sollten immer ausreichend Abstand zum Seilwindenfenster haben. Auch eine Griffschlaufe am Windenhaken ist durchaus sinnvoll. Bedient der Seilführende das Seil nicht selbst, muss der Bediener ihn permanent im Blick haben, um sofort auf Stopp-Kommandos reagieren zu können. Der Seilführende hat dabei immer das Seil und das Seilfenster im Blick.

Umlenkrollen und -blöcke

Wer eine Seilwinde am Fahrzeug hat oder einen Greifzug mitführt, sollte auch eine Umlenkrolle oder einen NMP-Block (No Moving Parts), der auch als Snatch-Block bezeichnet wird, dabeihaben. Eine Umlenkrolle oder ein Umlenkblock lassen sich beim Bergen auf zwei Arten verwenden: Zum einen lässt sich die Zugkraft einer Seilwinde verdoppeln, zum anderen lässt sich das Seil umlenken, wobei sich die Zugkraft jedoch nicht verändert.

Um die Verdoppelung der Kraft zu erreichen, wird das Seil an einem Ankerpunkt über eine Rolle umgelenkt, zum Fahrzeug zurückgeführt und dort angeschlagen. Der Trick dabei: Die Last bleibt zwar gleich, aber die Zugkraft wird verdoppelt. Allerdings wird dabei auch die doppelte Seillänge benötigt. Einmal vom Fahrzeug zur Umlenkrolle und wieder zurück. Im Prinzip ist das also nichts anderes als ein Flaschenzug.

Die zweite Einsatzmöglichkeit für eine Umlenkrolle findet sich in ihrer Bezeichnung: das Umlenken. Mit ihr lässt sich ein Seil nämlich auch zur Seite hin umlenken. Das wird zum Beispiel dann nötig, wenn ein Bergefahrzeug mit Winde nicht in direkter Linie zum Fahrzeug steht, das geborgen werden soll, oder der Ankerpunkt in direkter Linie nicht kräftig genug erscheint. In diesem Fall wählt man einen besseren Ankerpunkt, der nicht in direkter Linie liegt, leitet das Seil aber über den schwächeren Punkt um. Die Hauptkraft wirkt dann auf den kräftigeren Ankerpunkt. Bei der Bergung mit zwei Fahrzeugen,

Tipp 1

Vor dem Einsatz von Winde und Umlenkrolle kommt die Schaufel zum Einsatz. Hat man vor dem Windeneinsatz ausgiebig geschwitzt, erübrigt sich eventuell der Einsatz einer (zweiten) Umlenkrolle sogar und eventuelle Risiken werden minimiert.

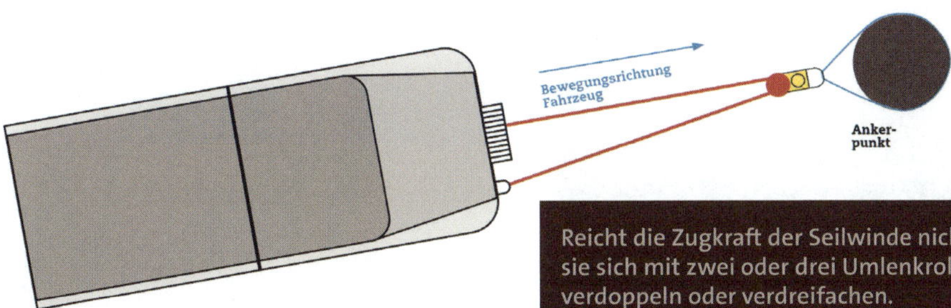

Reicht die Zugkraft der Seilwinde nicht aus, lässt sie sich mit zwei oder drei Umlenkrollen verdoppeln oder verdreifachen.

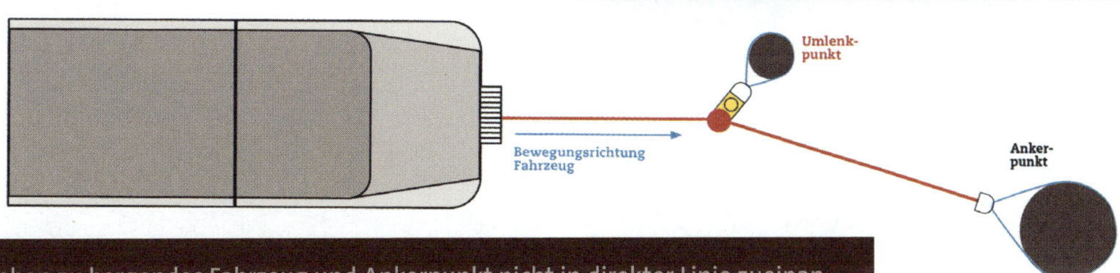

Stehen zu bergendes Fahrzeug und Ankerpunkt nicht in direkter Linie zueinander, kann das Seil über eine Umlenkrolle umgelenkt werden. Die Zugkraft wird hierbei nicht verdoppelt.

die nicht in direkter Linie stehen, kann das Seil ebenfalls über einen möglichst massiven Ankerpunkt umgeleitet werden.
Im Gegensatz zum oben geschilderten Einsatz – Seil vom Fahrzeug zum Ankerpunkt und zurück zum Fahrzeug – verdoppelt sich die Windenkraft hierbei jedoch nicht. Es wird lediglich die Zugrichtung umgeleitet. Kraft wirkt auf den Ankerpunkt trotzdem, aber eben nicht doppelt.

Beim NMP-Block (No Moving Parts) läuft das Seil durch eine Nut in der Rolle. Der Seilschäkel wird durch die offene Mitte des Blocks geführt. Das Seil muss beim Spannen von Hand in der Rolle gehalten werden, bis es straff gespannt ist.

Bei einer Umlenkrolle mit beweglichen Seitenteilen dreht sich die Rolle dagegen um ein Lager.

Um das Seil in eine Umlenkrolle mit sich drehender Rolle einzulegen, werden zunächst die Seitenteile verdreht, damit man das Seil über die Rolle führen kann.

Tipp 2

Bei der Lastverdoppelung wird die Winde stark beansprucht und mehr Wärme erzeugt. Das kann nicht nur dazu führen, dass sie überhitzt, sondern – gerade auf der unteren Seillage – auch dazu führen, dass Kunststoffseile durch die heiße Trommel beschädigt werden. Eine Pause einzulegen und die Winde abkühlen zu lassen, kann also ratsam sein. Abgesehen davon bekommt die Batterie, an der die Winde angeschlossen ist, reichlich viel zu tun und kann sich schnell entladen. Daher sollte man den Motor beim Winchen mitlaufen lassen und gegebenenfalls leicht Gas geben, wenn man merkt, dass die Drehzahl beim Betätigen des Windenschalters absackt.

Anschließend werden die Wangen wieder zusammengeführt, ein Schäkel durch die Öffnung und die Schlaufen des Baumgurts gesteckt und das Seil auf Spannung gebracht.

Bergen mit dem Greifzug

Ein Mehrzweck- oder Greifzug ist eine gute Alternative zur fest montierten Seilwinde. Er ist nicht nur universell einsetzbar, er ist auch wesentlich günstiger als eine Winch. Das von einem Franzosen erfundene Gerät wurde ab 1948 in Luxemburg unter dem Namen „Tirfor“, eine Ableitung aus den französischen Worten „tirer“ (ziehen) und „fort“ (stark), produziert. Bald darauf wurde in Deutschland die Deutsche Greifzug GmbH als Tochterunternehmen gegründet. Und der erging es ähnlich wie dem Selterswasser oder dem Jeep. Der Begriff Greifzug wird zum Oberbegriff für alle Produkte dieser Art. Das in den USA gegründete Tochterunternehmen trägt übrigens den Namen Griphoist. Doch mittlerweile produzieren auch andere Firmen die praktischen Helfer.

Greif- oder Mehrzweckzüge sind in mehreren Größen erhältlich. Vom kleinen 300-Kilo-Zug bis zum Schwergewicht für vier Tonnen. Der größte Nachteil der Mehrzweckzüge ist ihr Gewicht. Denn nicht nur das Gerät selbst bringt einiges auf die Waage, auch das zwingend dazu erforderliche Stahlseil trägt seinen beachtlichen Teil dazu bei. Denn ohne Stahlseil funktioniert das Prinzip nicht. Im Gegensatz zur Seilwinde, bei der man auch ein Kunststoffseil auf die Trommel wickeln kann oder dem Hooist, der nur mit einem Kunststoffseil funktioniert, lässt sich der Greifzug nur mit Stahlseil verwenden. Üblich sind 20 Meter Seil. Selbst bei den kleineren Modellen ist das eine Menge an Gewicht. Bei Feuerwehren und technischen Hilfsorganisationen gehört der Mehrzweckzug zur Standardausrüstung.

Was den Rettungsdiensten recht ist, kann dem Fahrer von geländegängigen Fahrzeugen nur billig sein. Was sich im harten Einsatz bewährt, funktioniert, genau wie Militärtechnik, in der Regel auch beim Fahren im Gelände. Allerdings sollte man sich mit der Handhabung vertraut machen, bevor man auf große Tour geht.

Mehrzweck- oder Greifzüge sind in mehreren Größen erhältlich. Umso größer sie sind, umso schwerer werden sie.

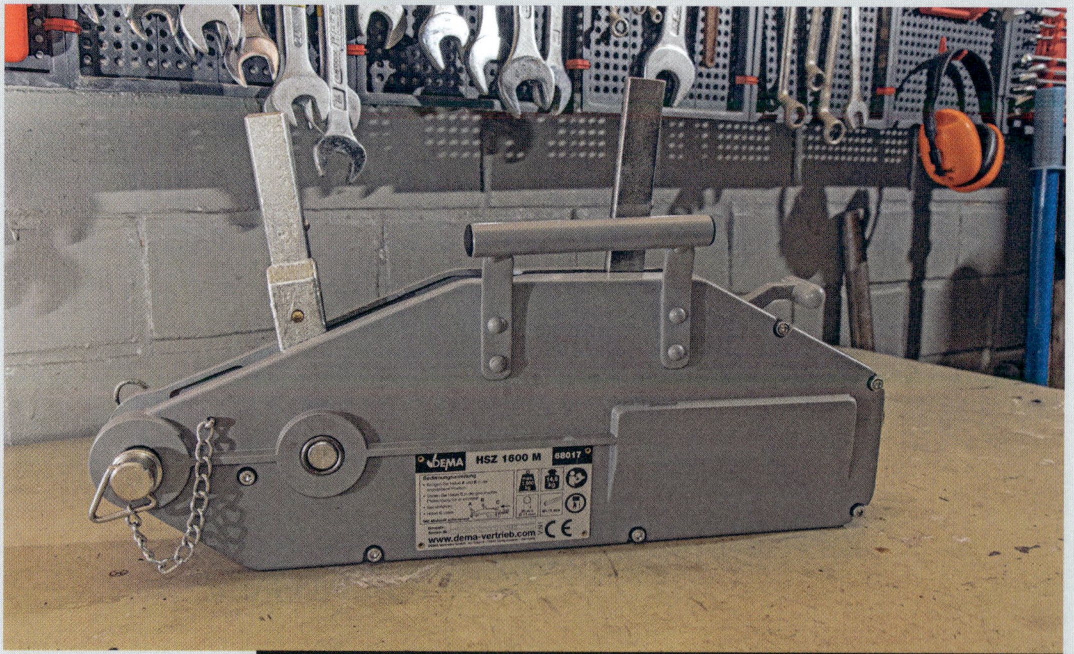

Das Herzstück des Mehrzweckzugs ist ein kompakter Kasten mit Tragegriff. Oben stehen zwei Aufnahmen für eine Verlängerung und ein Hebel heraus.

Auf der einen Seite sitzt eine stabile Aufnahme für einen Bolzen. An dieser Seite erfolgt der Anschlag am Ankerpunkt.

Die Mechanik im Inneren ist einfach, aber wirkungsvoll. Je nach Stellung der Hebel wird das Seil fest eingeklemmt und gezogen oder geschoben.

Das Seil wird durchgeschoben, bis es auf der anderen Seite wieder herauskommt. Ab dann kann man es auch durchziehen.

Wenn der eine Mechanismus das Seil greift, gibt der andere es frei. Betätigt man den linken Hebel, wird das Seil in Richtung des offenen Seilendes durchgezogen. Mit dem rechten Hebel geht es in Richtung des Hakens.

Zunächst wird alles bereitgelegt, und ein Stück des Stahlseils wird von der Haspel abgerollt. Ein lösbarer Kabelbinder (im Bild rot) ist eine gute Sicherung gegen versehentliches Abspulen des Seils beim Transport im Fahrzeug.

Es ist sinnvoll, jetzt noch nicht das komplette Seil abzurollen. Dadurch lässt es sich besser handhaben und tragen.

Nun wird der Haken am zu bergenden Fahrzeug angeschlagen. Passt der Haken nicht durch die Bergeöse, wird er mit einem Schäkel angeschlagen.

Nun kann das Seil abgerollt werden. Da das freie Ende durch den Greifzug geführt werden muss, muss es komplett abgespult werden.

Anschließend wird der Greifzug am Ankerpunkt (hier ein anderes Fahrzeug) angeschlagen. Dafür sollte man eine Rundschlinge oder einen kurzen Gurt verwenden, damit man ausreichend Abstand zum Ankerpunkt und genug Platz zum Hebeln hat.

Sind alle Verbindungen angebracht und überprüft, wird der graue Hebel am Greifzug umgelegt und das Seil ...

... eingeführt. Das erste Stück muss es geschoben werden, ...

... wenn es am anderen Ende herauskommt, kann man es ziehen, was deutlich leichter geht.

Nun muss das Seil komplett durch dem Greifzug gezogen werden, bis es ...

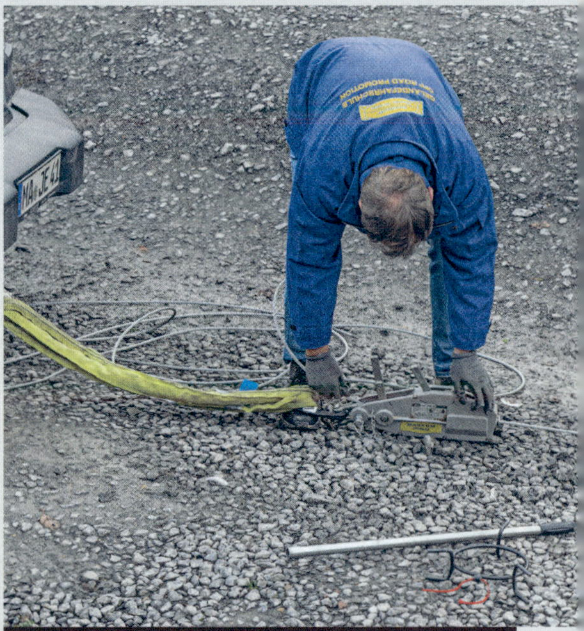

... einigermaßen straff ist. Dann wird der graue Hebel heruntergedrückt, damit das Seil eingeklemmt wird.

Die Hebelverlängerung wird auf den zum Ankerpunkt zeigenden Hebel gesteckt und arretiert.

Nun werden ein paar Hebelzüge ausgeführt, bis das Seil gespannt ist.

Schleift das Seil irgendwo über den Boden, wird es an dieser Stelle unterlegt. Dafür kann man einen Holzklotz oder etwas aus stabilem Kunststoff nehmen.

Jetzt kann das zu bergende Fahrzeug Zug um …

… Zug aus seiner misslichen Lage befreit werden.

Werden die Kräfte zu groß, schert der Sicherungsbolzen des Zughebels ab. Der Mechanismus hält das Seil trotzdem weiterhin. Ein paar Ersatz-Sicherungsstifte sollte man dabeihaben.

Nachdem das Fahrzeug geborgen ist, wird das Seil wieder aus dem Greifzug gezogen und muss auf die Haspel aufgerollt werden. Besonders dabei sollte man mit Handschuhen arbeiten.

Vorteile

+ Lässt sich an allen Seiten des Fahrzeugs einsetzen
+ Lässt sich auch an feststehenden Ankerpunkten anschlagen (Baum)
+ Lässt sich auch für andere Zwecke verwenden (Hindernisse entfernen)
+ Ist günstiger als eine Seilwinde

Nachteile

– Ist schwer und sperrig
– Nimmt im Fahrzeug Platz weg

Bergen mit dem Hooist

Der Handseilzug „Hooist" von Relleumdesign wurde 2022 auf der Offroadmesse Abenteuer & Allrad in Bad Kissingen vorgestellt. Er lässt sich ähnlich verwenden wie der Greifzug, funktioniert aber nach einem anderen Prinzip. Vor allem ist er aber samt Seil wesentlich leichter, denn hier findet ein Kunststoffseil Verwendung. Das Gerät kombiniert Doppelspill-Rillenwalzen und sogenannte Flaschenrollen. Es wurde für den professionellen Bereich, also für Industrie und Rettungswesen, aber auch zur Fahrzeugbergung entwickelt. Absolute Zuverlässigkeit war bei der Entwicklung also unerlässlich. Durch die Rillenwalzen und die Flaschenrollen sollen die Bedienkräfte in Summe äußerst gering sein. Der Hersteller gibt an, dass man die Kurbel selbst im Lastbereich von deutlich über einer Tonne noch mit zwei Fingern betätigen kann.

Auch das fein dosierbare Ablassen der Last ist ebenfalls kein Problem, da die beiden Rillenwalzen eine hohe Reibungsenergie aufweisen, die auch hält, wenn man das System entspannt. Ein Seilführungsauge sorgt außerdem dafür, dass das Seil bei plötzlicher Entspannung nicht unkontrolliert herausspringen kann und im Betrieb immer sauber auf die erste Rille trifft.

Der Hooist ist für eine Zugkraft von drei Tonnen ausgelegt und stellt damit eine spannende Alternative zum Greifzug dar. Mit einem Preis von derzeit knapp 1200 Euro ist er – genau wie der Greifzug – ebenfalls noch günstiger als eine Seilwinde samt Einbau. Außerdem lässt auch er sich hinten oder seitlich am Fahrzeug sowie separat zum Wegziehen von Hindernissen verwenden. Und auch mit dem Hooist ist der Einsatz nicht auf ein Fahrzeug festgelegt, da das Gerät mobil ist.

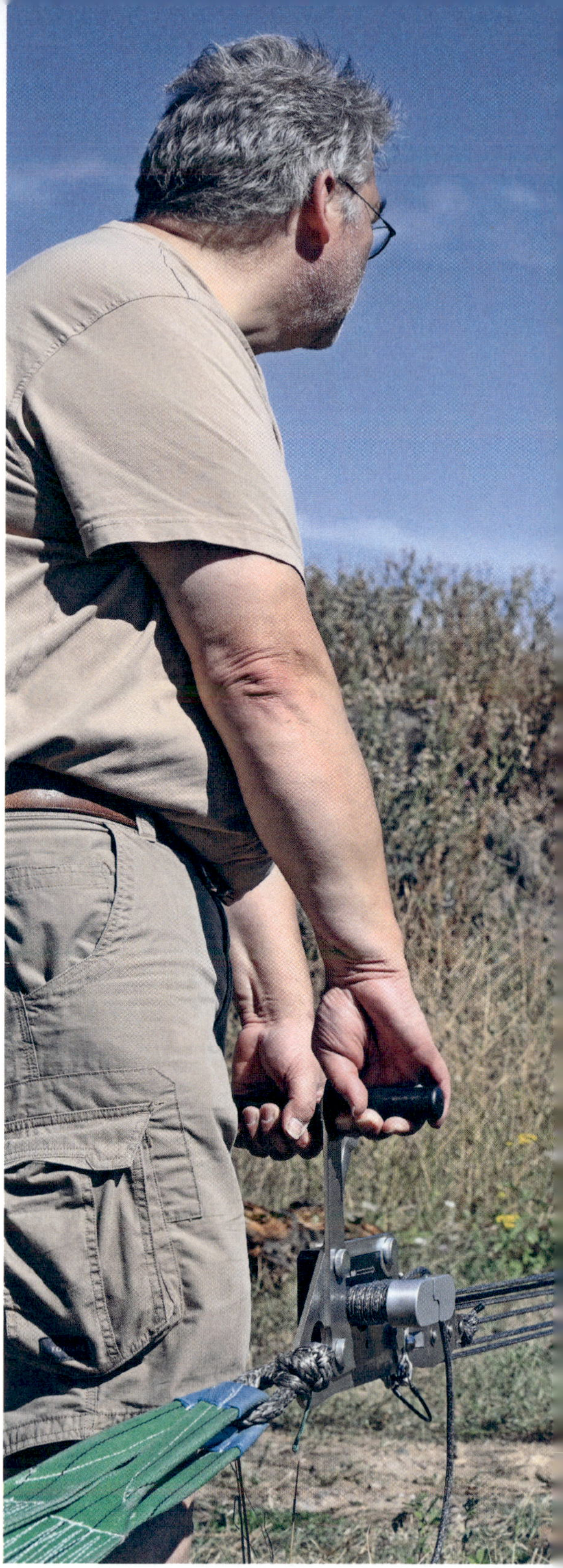

Der Hooist funktioniert ähnlich wie ein Greifzug, wird aber mit einem Kunststoffseil verwendet und ist daher um einiges leichter.

Zentrales Teil ist der Kurbelmechanismus. Die Verbindungen zum Ankerpunkt (links) und zum zu bergenden Fahrzeug sind ausreichend stabil.

Gekurbelt wird mit einem aufsteckbaren Ratschengriff. Viel Kraft muss dabei nicht aufgewendet werden.

Zum Fahrzeug hin ist das Seil angeschlagen und führt zum Gegenstück. Das Umlenken über zwei Rollen verstärkt die Zugkraft.

Am Gegenstück befinden sich ebenfalls zwei Umlenkrollen. Es kann direkt am Fahrzeug angeschlagen werden oder wird, wenn die Länge nicht ausreicht, mit einem Seil oder einem Gurt verlängert.

Die stabile Öse mit gerundetem Verstärkungsring dient zur Befestigung am Ankerpunkt. Dabei wird ein starrer Gurt verwendet.

Das zu den Rollenwalzen zurücklaufende Seil wird zunächst durch das Führungsauge gezogen, das ein Abspringen des Seils verhindert.

Nun wird es um das erste Rollenpaar gelegt und wieder nach vorne geführt.

Dann geht es mit der zweiten Lage weiter. Unten nach hinten, oben wieder nach vorne.

Auf das vierte Rollenpaar kommt die dritte Lage des Seils.

Ist man bei letzten Rollenpaar angekommen, wird die vordere Schutzklappe angehoben und das Seil über die Rolle gezogen.

Die beiden Klappen führen das Seil und verhindern, dass es abspringt. Sie klappen per Federmechanismus zu.

Jetzt checkt man nochmal, ob alle Verbindungen sicher und stabil sind. Dann wird der Hooist mit der einen Hand am Griff in Position gehalten.

Nun kann gekurbelt werden. Durch die mehrfachen Umlenkungen wird die Zugkraft verstärkt, die Strecke pro Umdrehung ist jedoch kurz.

Daher braucht es schon ein paar Umdrehungen, bis der Wagen sich ein gutes Stück bewegt hat. Dafür lässt sich der Hooist auch vorne oder seitlich verwenden.

Bergen mit Bergeschäkeln

Eigentlich hat Relleumdesign den Klemmschäkel entwickelt, um damit Gurte verkürzen zu können, ohne an Zugkraft einzubüßen. Denn manchmal sind bei einer Fahrzeugbergung zehn Meter Gurt einfach zu lang, halbiert ist er aber zu kurz. Mit dem Relleumdesign-Bergeschäkel lässt sich der Bergegurt jedoch auf die Länge bringen, die man für eine Bergung braucht. Der durch den Schäkel geführte Gurt wird bei Zug materialschonend sicher eingeklemmt und rutscht nicht durch.

In Kombination mit dem Hi-Lift ergibt sich allerdings noch eine zusätzliche Möglichkeit, die den Hi-Lift zu einer brauchbaren Bergehilfe werden lässt. Neben einem Hi-Lift oder ähnlichen Produkten von verschiedenen Wettbewerbern benötigt man dafür zwei dieser Klemmschäkel, zwei längere, zugsteife Bergegurte und ein paar normale Schäkel. Anschließend sucht man sich zunächst einen stabilen Ankerpunkt für den ersten Gurt. Das andere Ende des Gurts wird mit einem Schäkel am oberen Ende des Hi-Lifts befestigt. Vom zweiten Gurt werden nun beide Enden an der Abschleppvorrichtung des Fahrzeugs befestigt und die Mitte des Gurts zum Hi-Lift geführt. Nun befestigt man einen Klemmschäkel am unteren Ende des Hi-Lifts, wobei es hilfreich ist, die Standplatte vorher abzunehmen. Der zweite Klemmschäkel wird an der Hubstange befestigt. Dann wird der Gurt in beide Klemmschäkel eingefädelt, sodass er von jedem Schäkel aus jeweils zu einem der beiden Gurtenden am Wagen läuft. Wenn man sich noch einmal vergewissert hat, dass alle Verbindungen stabil sind, kann man die beiden Gurtenden straff ziehen. Nun wird am Hi-Lift gehebelt und der Wagen so Stück für Stück befreit. Dabei wird der Gurt, der am unteren Ende des Hi-Lifts angeschlagen ist, immer lockerer, während man mit dem an

HG KM 717

der Hubstange angeschlagenen Gurtende zieht. Ist man mit der Hebelmechanik oben angekommen, wird der untere Gurt zum Sichern straff gezogen, bis er unter Spannung steht. Anschließend kann der Hi-Lift-Mechanismus umgestellt und die Hebelmechanik nach unten geschoben werden. Nachdem man diese Gurtseite wieder gestrafft hat, kann man von vorne beginnen.

Diese Aktion ist zwar schweißtreibend, aber durchaus effektiv. Die Klemmschäkel sind eine sinnvolle Ergänzung zum Offroad-Wagenheber. Hat man ihn ohnehin dabei, erhöht das seine Einsatzmöglichkeiten nochmals. Damit ist der Hi-Lift in Kombination mit den Bergeschäkeln gerade für Fahrzeugbesitzer, die keine Seilwinde am Fahrzeug montiert haben, eine echte Alternative. Aber auch denen, die eine Winch am Auto haben, können die Relleum-Bergeschäkel von Nutzen sein: Muss das Fahrzeug nach hinten geborgen werden oder wird zusätzlich ein Zug zur Seite benötigt, lässt sich das so realisieren. Und ganz abgesehen von der Nutzung in Verbindung mit dem Hi-Lift, lassen sich die Schäkel ja auch im Sinne der ursprünglichen Idee verwenden – als Gurtverkürzer.

Bergen mit einem zweiten Fahrzeug

Die Bergeschäkel wurden von Relleumdesign ursprünglich als Gurtverkürzer entwickelt. Denn manchmal ist der komplette Gurt zu lang, halbiert aber zu kurz.

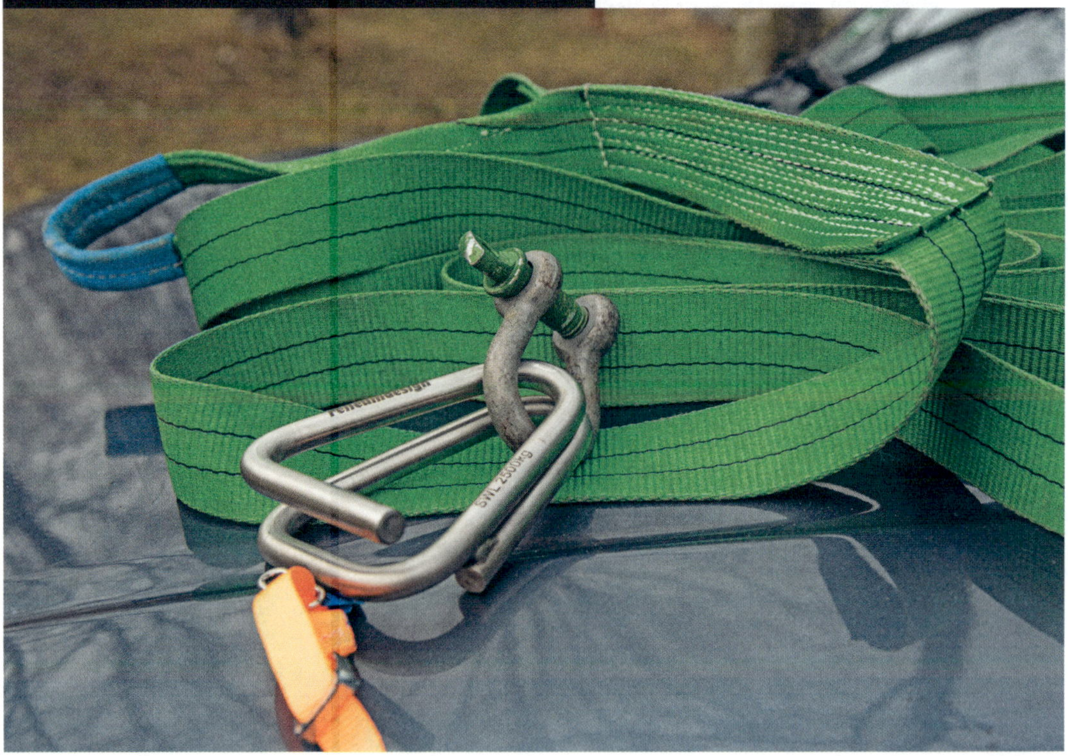

Durch die Klemmwirkung wird der Gurt sicher gehalten. Die sichere Arbeitslast ist mit 2,5 Tonnen angegeben, die Bruchlast mit 8 Tonnen.

Der überschüssige Gurt wird mit dem kleinen Spanngurt, der am Bergeschäkel befestigt ist, gehalten, damit man nicht versehentlich darüberfährt.

Schritt 1: Nachdem Hi-Lift, Gurte und Schäkel bereitgelegt sind, kann es losgehen. Das obere Ende der Hi-Lift-Stange wird mit dem Gurt verbunden, der am festen Ankerpunkt angeschlagen ist. Wenn die Bolzen großer Stahlschäkel nicht durch die Löcher des Offroad-Wagenhebers passen, kann man hier auch sehr gut mit Softschäkeln arbeiten. Die sind flexibel, lassen sich durch die Bohrungen schieben und haben trotzdem ausreichend Bruchlast.

Schritt 2: Die beiden Relleumdesign-Klemmschäkel werden mit Schäkeln am Hi-Lift befestigt. Einer am unteren Ende der Hi-Lift-Stange und der andere an der Hubvorrichtung. Anschließend wird der Gurt in die Klemmschäkel eingefädelt. Dazu wird er von hinten durch den Schäkel gesteckt und die so entstandene Schlaufe über das offene Ende des Schäkels geschoben. Die beiden Schlaufenenden des Gurts werden ebenfalls mit Schäkeln an den Abschlepphaken des Fahrzeugs angeschlagen.

Schritt 3: Bevor man nun anfängt zu pumpen, sollte man kurz über die Bruchlast nachdenken – eine Kette reißt immer am schwächsten Glied. Die Schäkel und Gurte sollten also ausreichend dimensioniert sein. Dabei sollte die Bruchlast ein gutes Stück über dem Gewicht des Fahrzeugs liegen. Da das Auto feststeckt, sind hier wesentlich höhere Kräfte aufzuwenden, als wenn der Wagen auf ebener Straße stehen würde und frei rollen kann. Der Widerstand der Räder gegen den Schlamm oder Sand wirkt sich letztlich wie ein höheres Fahrzeuggewicht aus. Noch schwerer wird es, wenn das Fahrzeug auf dem Unterboden aufsitzt. Muss der Wagen bei der Bergung noch Schlamm oder Sand vor sich herschieben, erhöht das ebenfalls das Zuggewicht. Hier kann es helfen, vor der Bergung die Schaufel auszupacken und so viel wie möglich wegzuräumen. Oft erspart einem der Einsatz der Schaufel auch eine aufwändige Bergung.

Schritt 4: Jetzt heißt es im wahrsten Sinne des Wortes: Zügel anziehen. Nachdem alle Verbindungen nochmal gecheckt wurden, können die beiden losen Gurtseiten straffgezogen werden. Die Gurtenden vom Fahrzeug zum Hi-Lift sind nun straff gespannt.

Schritt 5: Nun sind die Gurte unter Spannung, die lose Schlaufe lässt man locker über oder neben die fest verspannten Gurtenden fallen und sorgt dafür, dass sie sich nirgends verklemmen oder verhaken kann. Der Gurt lässt sich im Relleum-Klemmschäkel nur in einer Richtung durch den Schäkel ziehen. In der anderen Richtung kann er nicht durchrutschen und sitzt fest. Das wird durch die Klemmwirkung erreicht, die durch die darüber laufende Lage des Gurts entsteht. Einmal auf Zug gebracht, hält der Gurt das Fahrzeug sicher fest.

Schritt 6: Jetzt folgt der erste Teil des kostenlosen Fitnessprogramms: Ab jetzt heißt es pumpen. Die an der Hubstange angeschlagene Gurthälfte, die zum Fahrzeug geht, bleibt dabei unter Spannung, die andere Seite nicht. Sie wird immer lockerer, je mehr man den Hi-Lift hochhebelt. Das Fahrzeug wird mit jeder Raste des Wagenhebers ein Stück herangezogen.

Schritt 7: Nicht nur im Sommer bei Sonnenschein kann die Arbeit schweißtreibend werden. Immerhin ist doch einiges an Kraft aufzuwenden. Dafür geht es Raste für Raste voran, wird das Fahrzeug in Richtung Hi-Lift gezogen. Auf der Hälfte der Hi-Lift-Stange angekommen, hängt der am Ende des Lifts angeschlagene Gurt nun schon deutlich herunter.

Schritt 8: Erholungsphase: Ist der Hebel dann endlich am Ende des Hi-Lifts angekommen, kann man erst einmal verschnaufen. Nun wird das Fahrzeug in seiner Position gesichert. Jetzt kommt der zweite Klemmschäkel zum Einsatz.

Schritt 9: Das locker liegende Gurtende, das am unteren Ende der Hi-Lift-Stange angeschlagen ist, wird nun durch den Schäkel gezogen und auf Spannung gebracht. Hierbei darf man ruhig so kräftig ziehen, wie es nur geht.

Schritt 10: Das Fahrzeug ist jetzt in seiner Position doppelt gesichert. Beide Gurtenden sind straff zum Wagen hin gespannt. Nun kann der Gurt, der zum Hebelarm führt, gelockert werden, indem man den Mechanismus für die Hebelmechanik umstellt und ein paar Rasten zurückhebelt.

Schritt 11: Gemäß der Monopoly-Ereigniskarte heißt es jetzt: Gehe zurück auf Los. Der Hebelarm wird komplett in die Ausgangsposition zurückgeschoben, und der Mechanismus wird wieder auf Zug umgestellt. Jetzt ist man schon fast bereit für den zweiten Durchgang. Der an der Hubstange angeschlagene Gurt wird nun von Hand durch den Schäkel gezogen und somit das zum Fahrzeug gehende Ende wieder straff gespannt, bis beide am Fahrzeug angeschlagenen Gurte wieder straff sind und unter Spannung stehen.

ACHTUNG: Sitzt beim Bergevorgang eine zweite Person im Auto und versucht, mit Motorkraft nachzuhelfen, ist höchste Vorsicht geboten. Bekommen die Räder Grip, und das Fahrzeug macht einen Satz nach vorn, befindet sich die Person am Hi-Lift genau in Zielrichtung. Sie nicht zu überfahren, sollte selbstverständlich sein.

Zurück zu Schritt 1: Jetzt folgt der zweite Durchgang, und der nächste Meter aus dem Schlammloch kann in Angriff genommen werden. Mit jedem weiteren Durchgang kommt das Fahrzeug langsam, aber sicher voran.

Checkliste Bergematerial

Bergemittel, die man dabeihaben sollte	dabeihaben wenn: allein unterwegs	mit mindestens 2 Fahrzeugen unterwegs	Verwendung in Kombination mit:	Bemerkungen
Schaufel	☒	☒		immer dabeihaben
Handschuhe	☒	☒		immer dabeihaben
Taschenlampe	☒	☒		immer dabeihaben
starrer Bergegurt oder -seil	☒	☒	Schäkeln, Seilwinde	Wird auch, wenn vorhanden, für die Bergung mit Greifzug, Hooist, Bergeschäkeln oder Hi-Lift benötigt. In Verbindung mit Seilwinde als Baumgurt zu verwenden.
kinetischer Bergegurt oder -seil	☐	☒	Schäkeln	Wird nur für die Bergung mit einem zweiten Fahrzeug verwendet.
Stahlschäkel	☒	☒	Gurten, Seilwinde, Umlenkrolle	Ob Stahl- oder Seilschäkel spielt eine untergeordnete Rolle. Die sichere Arbeitslast muss zu den verwendeten Gurten und Seilen passen. Von jeder Sorte Schäkel dabeizuhaben, kann sinnvoll sein.
Seilschäkel	☒	☒	Gurten, Seilwinde, Umlenkrolle	
Umlenkrolle	☒	☒	Seilwinde	Nur, wenn auch Seilwinde vorhanden. Kann zum Umlenken der Seilrichtung und zur Verstärkung der Zugkraft verwendet werden.
Bergemittel, die man dabeihaben kann				
Sandbleche	☒	☒	allein und bei Bergung mit Winde oder Gurt	Je nach Reiseziel sinnvoll. Untergründe am Zielort klären (nicht alle Bleche und Boards sind für alles geeignet).
Axt oder Beil	☒	☒	allein	In Fahrwege ragende Äste, Zweige oder querliegende Bäume entfernen. Feuerholz für Lagerfeuer zerkleinern. Auswahl nach Vorliebe für das Werkzeug.
Säge	☒	☒	allein	
Astschere	☒	☒	allein	
Hi-Lift	☒	☒	allein und in Kombination mit Gurt und Schäkeln zur Bergung mit und ohne Bergeschäkel	Radwechsel und zum Anheben des Fahrzeugs bei Bergemanövern (unterlegen von Sandblechen, Steinen o. Ä.). Aufdrücken von Karossrieteilen nach Unfall oder abdrücken von Reifen von der Felge. In Verbindung mit Bergeschäkeln, Schäkeln und Gurten zur Fahrzeugbergung.
Offroad-Wagenheber	☒	☒	allein	Zum Radwechsel und zum Anheben des Fahrzeugs bei Bergemanövern (unterlegen von Sandblechen, Steinen o. Ä.)
Greifzug	☒	☒	Gurten, Schäkeln	Bergung vorab üben.
Hooist	☒	☒	Gurten, Schäkeln	Bergung vorab üben.
Bergeschäkel	☒	☒	Gurten, Schäkeln, Hi-Lift	Als Gurtverkürzer oder zur Bergung mit Hi-Lift. Bergung vorab üben.
Tire Deflator	☒	☒	allein	Zusätzlicher (mobiler) Kompressor ist sinnvoll.
Kompressor	☒	☒	allein	Tire Deflator zum Luftablassen nicht notwendig, aber hilfreich.

Bevor es losgeht

- Inspektionen und Reparaturen
- Gesundheitscheck
- Allgemeine Medikamente
- Persönliche Medikamente
- Erste-Hilfe-Set
- ResQ-plast
- Krankenwagen, Krankenhäuser und Notaufnahmen
- Mückenschutz
- Dokumente

Ein Ausflug mit dem Offroader ins Gelände macht Spaß. Gar keine Frage. Doch der Spaß ist schnell getrübt, wenn das Fahrzeug unterwegs Probleme bereitet, weil es schlecht gewartet ist, weil eigentlich Reparaturen anstehen oder Verschleißteile wie Radlager, Bremsen oder andere Dinge schlicht „End of Life" sind. Endgültig hört der Spaß dann nach einem Unfall auf. Erst recht, wenn dabei jemand verletzt wird.

Daher gilt es, sich auf den Ausflug abseits der Straßen etwas vorzubereiten. Und dabei ist es egal, ob es nur für einen Tag in den Offroadpark geht oder auf eine längere Tour. Denn auch der noch so kurze Ausflug ist kein Garant dafür, dass nichts passieren kann. Welche Vorbereitungen sollte man also treffen, bevor man den Wagen von der Straße lenkt? Im folgenden Kapitel sind sowohl eine Checkliste für die Fahrzeugkontrolle enthalten, sowie die wichtgisten Tätigkeiten und Dinge beschrieben, die man vor Antritt der Fart erledigen oder ins Auto packen sollte.

Inspektionen und Reparaturen

Für Lkw-Fahrer gilt, dass sie vor Abfahrt eine sogenannte Abfahrtkontrolle durchführen sollten. Das bedeutet, einmal um das Fahrzeug zu gehen und zu checken, ob alles in Ordnung ist: den Luftdruck in den Reifen prüfen, Wasser und Öl kontrollieren und sicherstellen, dass weder am Motor, dem Getriebe noch an den Achsen etwas ausläuft oder tropft. Diese Kontrolle sollte auch für Geländewagenfahrer das Minimum sein, bevor sie zu einer Fahrt ins Gelände aufbrechen. Bei Offroad-Motorsportveranstaltungen ist eine technische Abnahme sogar Pflicht. Gibt es Beanstandungen am Fahrzeug, wird es nicht zum Start zugelassen.

Geht es auf eine längere Reise, reicht diese Kontrolle allein mitunter nicht aus. Das Fahrzeug sollte vorab komplett durchgecheckt werden. Notwendige Inspektionen oder gar anstehende Reparaturen aufzuschieben, kann sich

Ob man selbst repariert oder das Fahrzeug dafür in eine Werkstatt bringt, hängt nicht nur vom vorhandenen Werkzeug ab, sondern auch von den eigenen Fähigkeiten und Kenntnissen der Technik.

Besonders wenn man oft im Gelände unterwegs ist, sollte man das Fahrzeug regelmäßigen Inspektionen unterziehen und notwendige Reparaturen durchführen, bevor es das nächste Mal ins Gelände geht.

Checkliste Fahrzeugkontrolle

Datum Kontrolle ____________

Fahrzeug ____________ **Bj.** ____________

Kennzeichen ____________ **TÜV** ____________

Luftdruck

vorne ____________

hinten ____________

Bereifung **Größe**

Winter ____________

Sommer ____________

Öl	Art	Inhalt
Motor		
Getriebe		
Servo		

Bremsflüssigkeit/Servoöl	Art	Inhalt
Bremse		
Servo		

Check	**OK**	**Nicht OK**	**Aufgefüllt**	**Getauscht**	**Sonstiges**
Luftdruck	☐	☐	☐	☐	
Motoröl	☐	☐	☐	☐	
Getriebeöl	☐	☐	☐	☐	
Bremsflüssigkeit	☐	☐	☐	☐	
Servoöl	☐	☐	☐	☐	
Kühlerflüssigkeit	☐	☐	☐	☐	
Scheibenwasser	☐	☐	☐	☐	
Hauptscheinwerfer	☐	☐	☐	☐	
Standlicht	☐	☐	☐	☐	
Blinker	☐	☐	☐	☐	
Rücklicht	☐	☐	☐	☐	
Bremslicht	☐	☐	☐	☐	
Kennzeichen	☐	☐	☐	☐	
Innenbeleuchtung	☐	☐	☐	☐	

	Bemerkungen
Karosserie	
Rahmen	
Federn/Dämpfer	
Lager	
Buchsen	

Reifentausch	W → S	S → W
Zustand	Winterreifen	Sommerreifen
Zustand aktueller Reifen		

Sonstige Bemerkungen ____________

unterwegs bitter rächen. Mancher Offroad-Reisende musste das schmerzhalft lernen. Man sollte auch nicht darauf vertrauen, dass man unterwegs problemlos eine Werkstatt findet, die eventuelle Schäden beheben kann. Außerdem ist es mehr als ärgerlich, wenn man die Reise abbrechen muss, weil unterwegs etwas kaputtgeht, das man schon zu Hause hätte reparieren können. Aber selbst, wenn man die Reise nicht abbrechen muss: Verzögerungen und langes Warten auf Ersatzteile und Reparaturen sind nicht das, weshalb man irgendwann losgefahren ist. Daher gilt es, das Fahrzeug vor Reiseantritt fit zu machen und somit möglichst viele unterwegs auftretende Probleme im Vorfeld auszuschließen oder zumindest zu minimieren.

Gesundheits-Check

Was für das Auto gilt, gilt auch für alle Mitfahrer – egal ob Mensch, Hund oder andere Lebewesen. Sicher, vor einem Wochenendausflug auf ein Fahrgelände muss man keinen kompletten Gesundheits-Checkup durchführen. Gesund sollte man sich dennoch fühlen. Denn auch Schnupfen, Husten, Kopf- oder Gliederschmerzen beeinträchtigen das Fahrvermögen. Sicher lässt sich hier mit manchem Medikament Abhilfe schaffen, aber viele Beipackzettel warnen davor, nach der Einnahme noch Auto zu fahren.
Plant man eine längere Reise, ist der Gesundheits-Check jedoch ein Muss. Denn wer träumt schon davon, mit unerträglichen Zahnschmerzen noch rund hundert Kilometer bis zum nächsten Zahnarzt zurücklegen zu müssen? Über die hygienischen Aspekte in Arztpraxen und Krankenhäusern dieser Welt wollen wir an dieser Stelle lieber nicht spekulieren. Fakt ist: Nicht überall geht es so sauber und steril zu wie in Europa. Aber nicht nur der Gesundheits-Check ist wichtig. Man sollte sich auch über notwendige Impfungen in den Reiseländern informieren und klären, welche Medikamente man gegebenenfalls besser dabeihaben sollte. Hierfür sollte man auch den Vorab-Check von Risiko-Gebieten oder -Ländern nicht vergessen. Dazu zählen nicht nur Gebiete, in denen es Unruhen oder Krieg gibt, sondern auch die, in denen Krankheiten oder Seuchen grassieren – und das leider nicht erst seit Corona.

Allgemeine Medikamente

Neben dem obligatorischen Kfz-Verbandskasten sollte man durchaus auch eine gewisse Auswahl an Medikamenten und zusätzlichem Verbandsmaterial dabeihaben. Schmerztabletten und Magnesium gegen Krämpfe gehören als Minimum in die Bordapotheke. Salben gegen Prellungen oder Verbrennungen sind ebenfalls hilfreich. Alle Medikamente müssen noch haltbar sein. Das Datum, bis wann die Mittel verwendet werden können, findet man auf der Packung.
Will man mit dem Fahrzeug ins Ausland, so sind für den Verbandskasten die Gültigkeit und die Vorschriften der zu bereisenden Länder zu beachten. Zusätzlich Kohlekompretten gegen Montezumas Rache und ein Mittel gegen Erkältung mitzunehmen, kann auch nicht schaden.

Persönliche Medikamente

Ist man nur für einen Tag oder ein Wochenende unterwegs, wird man seine Medikamente sicher vorab genommen und für eine Übernachtung dabeihaben. Für einen oder zwei Tage Reserve dabeizuhaben, kann jedoch sinnvoll sein. So ist man auch für unvorhergesehene Übernachtungen gerüstet.

Benötigt man für eine längere Reise jedoch Medikamente wie blutdrucksenkende Tabletten, Insulin, die Pille oder andere Mittel, sollte man sich lange genug im Vorfeld der Reise darum kümmern, dass man benötigte Rezepte bekommt und sich den für die Reise erforderlichen Vorrat besorgt. Dabei sollte auch eine Sicherheitsreserve eingeplant werden. Nicht jedes Medikament ist in allen Ländern erhältlich – und manchmal versteckt es sich auch hinter einem anderen Namen.

Erste-Hilfe-Set

Neben zusätzlichen Mullbinden oder Pflastern können hier beispielsweise ein Tourniquet zur Blutstillung sowie eine sogenannte Traumabandage hinzugefügt werden. Die Traumabandage kombiniert Kompresse, Mullbinde und Verschluss und lässt sich leichter, schneller und zuverlässiger anlegen als eine Kompresse in Verbindung mit einer Binde und Pflaster. Zusätzlich sind ein Kühlgel gegen Verbrennungen, eine Pinzette zum Entfernen von Splittern, Desinfektionsspray und Sofort-Kältekompressen empfehlenswert, um Verstauchungen oder Prellungen zu kühlen. Bei kälteren Temperaturen können auch ein oder zwei Wärmekissen sinnvoll sein.

ResQ-plast

Kleinere Wunden lassen sich mit ResQ-plast schnell und sicher verbinden. Das atmungsaktive, klebstoff- und latexfreie Baumwollband von Tape Innovation ist von der Federal Drug Administration (Aufsichtsbehörde für Medizinprodukte in den USA) geprüft und für den medizinischen Gebrauch zugelassen.

Krankenwagen, Krankenhäuser und Notaufnahmen

Ähnlich wie der ADAC oder ein anderer Pannendienst kommt auch ein Rettungswagen nicht unbedingt dahin, wo man im Gelände verunglückt ist. Man sollte sich also auch bei einem kurzen Ausflug ins Gelände überlegen, wie man einen Verletzten dorthin bringt, wo die Sanitäter übernehmen können.
Und wohin, wenn im Urlaub etwas passiert? Sich im Vorfeld eine Liste der Krankenhäuser und Notaufnahmen zu besorgen, verschafft bei Bedarf wertvolle Zeit.

Mückenschutz

Mücken sind nicht nur lästig, sie können in manchen Regionen dieser Erde auch Krankheiten übertragen. Schutz lässt sich beim Fahren durch Mückenspray und mückenfeste Kleidung realisieren. Bei der Kaffeepause helfen Anti-Mücken-Kerzen und -Räucherspiralen, und beim Übernachten im Dachzelt oder im Offroader helfen natürlich Mückenschutzrollos und -vorhänge vor Fahrzeugfenstern und -türen. Aber auch die gute, alte Fliegenpatsche kann helfen.

Dokumente

Klar, die Fahrzeugpapiere, den Führerschein und den Personalausweis sollte man immer dabeihaben. Auch wenn man nur mal kurz los will. Vor einer längeren Reise sollte man jedoch unbedingt prüfen, welche Dokumente benötigt werden und ob ihre Gültigkeitsdauer ausreicht. Für die Einreise in manche Länder muss der Reisepass noch mindestens ein halbes Jahr gültig sein. Außerdem ist für viele Länder ein Visum

Ein erweitertes Erste-Hilfe-Set macht im Geländewagen Sinn. Im Zweifel ist man dort unterwegs, wo der Rettungswagen nicht hinkommt.

Mit ResQ-plast lassen sich vor allem kleinere Wunden an den Fingern schnell verbinden.

Fenster und andere Öffnungen an Dachzelten oder im Fahrzeug sollten mit einem möglichst engmaschigen Fliegengitter versehen sein. So bleibt stechenden Plagegeistern der Zugang verwehrt.

vorgeschrieben, das man rechtzeitig vor Reiseantritt beantragen muss. Für einige Länder benötigt man zusätzlich ein Fahrzeug-Carnet, das in Deutschland beim ADAC erhältlich ist. Wenn man einen Hund oder andere Tiere dabeihat, ist ein Heimtierausweis sinnvoll.

Alle Dokumente sollte man vor der Reise einscannen und auf einem USB-Stick speichern. Den Stick und zusätzlich einen Satz Ausdrucke kann man an verschiedenen Stellen im Fahrzeug aufbewahren. Zusätzlich kann man sie in der Cloud oder auf einem Server speichern, auf den man auch von unterwegs aus Zugang hat. Kommen die Originalpapiere abhanden, hat man damit zwar keinen gültigen Ausweis, ist aber auch nicht ganz ohne Papiere.

Nach der Fahrt im Gelände

- Luft in den Reifen kontrollieren und auffüllen
- Fahrzeug abspritzen, besonders die Technik unter dem Wagen
- Fahrzeug auf Schäden überprüfen
- Ölstände kontrollieren
- Innenraum reinigen

So eine Fahrt im Gelände ist einfach sensationell. Danach hat man zumeist dreckige Schuhe, mit Sicherheit aber ein fettes Grinsen im Gesicht, das so schnell nicht mehr weggeht. Was allerdings auch so schnell nicht weggeht, ist der Dreck am Fahrzeug – zumindest nicht von allein.

Daher sollte man den Offroader anschließend unbedingt abspritzen. Wichtig ist dabei jedoch weniger das Blechkleid. Vor allem unter dem Fahrzeug, in den Radhäusern und an den Rädern und Bremsen muss der Dreck weg. Auch wenn man dort nicht so wirklich gut mit dem Hochdruckreiniger hinkommt, hier sollte man ein paar Minuten mehr Zeit investieren.

Anschließend wird das Fahrzeug auf Schäden überprüft. Auch hierbei ist besonderes Augenmerk auf die Partien unter dem Wagen zu richten. Läuft Öl aus? Sind Bauteile beschädigt oder andere Schäden zu sehen? Danach sollte man auch die Ölstände kontrollieren. Sofern man Luft aus den Reifen abgelassen hat, sollten sie unbedingt wieder aufgefüllt werden, bevor man längere Strecken auf der Straße fährt. Und nicht zuletzt darf man von Zeit zu Zeit dem Innenraum etwas Pflege gönnen.

Ein dreckiger Offroader sieht zwar cool aus und zeugt davon, dass man ihn auch „artgerecht“ bewegt hat, Schlamm und Dreck können jedoch die Fahreigenschaften verschlechtern oder gar Technik beschädigen.

Werkzeug

- Werkzeugset für unterwegs
- Schrauberwerkzeug
- Hammer, Brecheisen und Co.
- Metallsäge und Drahtbürste
- Akkuschrauber und Bohrer
- provisorische Hilfsmittel
- Sicherungen und Ersatzbirnen
- Handschuhe
- Öle und Reiniger
- Messer
- Elektrowerkzeug und Zubehör
- Ersatzteile
- Aufbewahrung

Checkliste Bordwerkzeug

Werkzeug	Bemerkungen	Immer dabeihaben	Im Gelände immer dabeihaben	Bei heftigen oder längeren Touren sinnvoll
Schlitz-Schraubendreher	Ein- und Ausdrehen von Schrauben, je nach verwendeter Schraubenart. Vorab checken, welche Schraubendreher am Fahrzeug benötigt werden.	☒	☐	☐
Phillips-Kreuzschlitz-Schraubendreher		☒	☐	☐
Pozidriv-Kreuzschlitz-Schraubendreher		☒	☐	☐
Inbus-Schraubendreher oder -schlüssel		☒	☐	☐
Torx-Schraubendreher oder -schlüssel		☒	☐	☐
Satz Schraubenschlüssel	Verschrauben von Sechskantschrauben und - muttern, kombinierte Ring-Maulschlüssel erleichtern die Arbeit, gängige Größen werden zum Kontern doppelt benötigt. Vorab checken, ob Zollschlüssel benötigt werden oder nur metrische.	☒	☐	☐
Ratschen- oder Knarrenkasten	Erleichtert das Auf- und Zuschrauben, ersetzt ggf. den zweiten Schlüssel im gleichen Maß.	☐	☒	☐
Drehmoment-Ratsche	Z. B. zum Anziehen der Radbolzen mit korrektem Drehmoment.	☐	☐	☒
Kombi- oder Flachzange	Diverse Arbeiten, Kombizange mit abgewinkelten Kopf ermöglicht mehr Druck.	☒	☐	☐
Spitzzange	Diffizile Arbeiten mit der Zange, Halten von Schrauben oder Muttern.	☐	☒	☐
Sprengring-Zange	Zum Lösen und Aufsetzen von Sprengringen.	☐	☒	☐
Seitenschneider	Schneiden von Kabeln, Draht oder Kabelbindern.	☒	☐	☒
Zangenschlüssel	Sinnvolles Tool, das als Universal-Schraubenschlüssel verwendet werden kann.	☐	☒	☐
Hammer, Metall	Z. B. zum Bearbeiten von verbogenen Karosserieteilen aus Metall.	☐	☒	☐
Hammer, Kunststoff und/oder Gummi (bevorzugt)	Z. B. zum Bearbeiten von verbogenen Karosserieteilen Metall, verursacht weniger Beschädigungen am Blech.	☐	☒	☐
Metallsäge	Z. B. Absägen von abstehenden Karosserieteilen nach Beschädigung oder zum Kürzen von Schrauben.	☐	☒	☐
Brecheisen	Z. B. zum Aufhebeln von Haube oder Türen nach Beschädigung oder zum Erzeugen von ausreichend Spannung beim Spannen von Keilriemen.	☐	☒	☐
Montiereisen	Zum Ab- und Aufziehen von Reifen auf die Felge.	☐	☒	☐
Drahtbürste	Z. B. zum Säubern verschmutzter oder rostiger Schraubenköpfe oder Muttern, damit der Schraubenschlüssel angesetzt werden kann.	☐	☒	☐
Stab- oder Taschenlampe	Zum Ausleuchten des Motorraums oder für Licht bei Nacht. Ersatzakkus mitnehmen.	☒	☐	☐
Akkuschrauber und Metallbohrer	Z. B. zum Bohren von Löchern für Draht oder Kabelbinder.	☐	☐	☒
ResQTape	Z. B. zum Abisolieren, Kühlerschläuche flicken oder Auspuff abdichten.	☒	☐	☐

Kabelbinder	Braucht man immer.	☒	☐	☐
Sicherungen	Brennen auch mal durch.	☒	☐	☐
Ersatzbirnen	Brennen ebenfalls auch mal durch. Ausnahme: LED-Beleuchtung.	☒	☐	☐
Handschuhe	Um die Hände bei verschiedenen Arbeiten zu schützen.	☒	☐	☐
Kriechöl und Bremsenreiniger	Schrauben gangbar machen und für das Reinigen von Oberflächen.	☒	☐	☐
Cuttermesser oder scharfes Taschenmesser	Ein sehr scharfes Messer braucht man ständig.	☒	☐	☐
Stabiler Draht	Z. B. zum Befestigen von losen Teilen nach Beschädigung.	☐	☒	☐
Autoelektrik				
Multimeter	Messen von Stromspannung etc.	☐	☐	☒
Abisolierzange	Abisolieren von Kabeln, z. T. in Crimpzange integriert.	☐	☐	☒
Crimpzange	Aufcrimpen von Kabelschuhen.	☐	☐	☒
Seitenschneider	Ablängen von Kabeln.	☐	☐	☒
Kabel	Verschiedene Stärken.	☐	☐	☒
Kabelschuhe	Vorab klären, ob besondere Kabelschuhe benötigt werden.	☐	☐	☒
Schrumpfschlauch	Zum Abdichten und Isolieren der Kabelverbindungen.	☐	☐	☒
Spezielle Werkzeuge	Spezialwerkzeuge, z. B. zum Lösen des Ölfilters oder anderer Bauteile, bei bestimmten Fahrzeugtypen oder -marken. Vorab checken, welche Werkzeuge das sind. Kann man selbst nicht damit umgehen, helfen sie einem Mechaniker, der dieses Werkzeug nicht hat.	☐	☐	☒
Ersatzteile				
Zahn- und Keilriemen	Vorab klären, welche Ersatzteile das sein könnten. Für größere Teile eventuell „Lieferservice" von zu Hause einrichten.	☐	☐	☒
Kraftstoff- und Ölfilter		☐	☐	☒
Bremsklötze und -beläge		☐	☐	☒
Kreuzgelenke		☐	☐	☒
Fahrzeugspezifische Dichtungen		☐	☐	☒
Spezielle Teile, die in anderen Ländern schwer zu bekommen sind.		☐	☐	☒
Auswahl an Schrauben, Muttern, Unterlegscheiben und Sprengringen.	Verschiedene Größen und Durchmesser einplanen, passendes Werkzeug nicht vergessen.	☐	☐	☒

Bleibt man mit dem Offroader im Gelände liegen, ist bei der Reparatur oft Improvisation gefragt. Dafür benötigt man jedoch ein wenig Werkzeug. Doch was muss mit, wenn man dort unterwegs ist, wo der Pannendienst garantiert nicht hinkommt?

So vorsichtig man auch fährt: Ist man mit seinem Fahrzeug im Gelände unterwegs, kann es dabei immer zu Schäden kommen. Gut also, wenn man in einem derartigen Fall etwas Werkzeug und sonstige Hilfsmittel dabeihat und sich selbst helfen kann. Doch was muss mit in die Werkzeugkiste, was hilft einem unterwegs, und was kann getrost zu Hause bleiben? Ist weniger hier mehr, oder nimmt man doch besser gleich die halbe Werkstattausrüstung mit?
Die Antwort wird für jeden unterschiedlich ausfallen. Beim ausgebildeten Automechaniker oder -mechatroniker und dem ambitionierten Hobby-Schrauber mit eigener Werkstatt wird die mitgenommene Werkzeugkiste wohl etwas schwerer sein als bei jemandem, der sich mit automobiler Technik wenig auskennt.
Ein guter Ansatz bei der Auswahl für das Unterwegs-Werkzeug ist: Etwas mehr als das Bordwerkzeug darf es schon sein. Wenn man nicht weiß, was man mit einem bestimmten Werkzeug anfangen kannt, braucht man es allerdings auch nicht mitnehmen, wobei es dabei ein paar Ausnahmen gibt (Seite 197). Daher kann man sich als Laie zunächst einmal auf die einfachen Werkzeuge konzentrieren, mit denen (fast) jeder umgehen kann. Dazu gehören Schraubendreher, Schraubenschlüssel, ein paar Zangen und ein Hammer. Ein paar Kabelbinder, Ersatz-Sicherungen und -Glühbirnchen sowie eine Dose Kriechöl dazu – und schon hat man eine gute Grundausstattung, mit der sich einfache Reparaturen erledigen lassen.
Wer etwas mehr Ahnung von der Technik hat und weiß, was in so einem Automobil alles an Technik drin ist, wird sein Set jedoch um ein paar sinnvolle Werkzeuge erweitern. Und da der Pannendienst selbst mit der Top-Premium-Platin-Mitgliedschaft im Zweifel nicht dahin kommt, wo man gerade mit dem Offroader liegengeblieben ist, tun auch die, die von sich selbst behaupten, zwei linke Hände zu haben, gut daran, sich im Vorfeld etwas mit der Technik zu beschäftigen und sich ihr persönliches Werkzeugset zusammenzustellen. Eine gute Möglichkeit, sich mit dem Wagen und seinen verschiedenen Bauteilen vertraut zu machen, sind Workshops, die vor allem Anbieter von Offroad-Trainings regelmäßig im Kalender stehen haben. Alternativ kann man in seiner Stammwerkstatt nachfragen, ob man nicht eine Art Kurzpraktikum absolvieren kann, in dem man ein paar Grundlagen vermittelt bekommt.
Was aber gehört nun rein in so ein erweitertes Werkzeugset? Folgend sind die wichtigsten Werkzeuge und Hilfsmittel für die Arbeiten an Karosserie, Fahrwerk und Motor und noch weitere Helfer für Arbeiten an der Fahrzeug-Elektrik aufgelistet. Außerdem sind noch ein paar Dinge hinzugefügt, die man ohnehin im Auto haben sollte. Mit dieser Ausstattung ist das Fahrzeug nicht überladen, man ist damit aber relativ gut gerüstet, wenn man doch irgendwo im Nirgendwo etwas reparieren muss.

Schraubendreher

Das umgangssprachlich als Schraubenzieher bezeichnete Werkzeug gehört zur Grundausstattung jedes noch so billigen Werkzeugsets. Von Billig-Werkzeug darf man allerdings auch bei Schraubendrehern gern die Hände lassen. Zu schnell sind Ecken abgebrochen oder der Kreuzschlitz ausgenudelt, und dann ist auch schnell die Schraube ruiniert. In jedem Fall sollte eine Auswahl an Schlitz- und Kreuzschlitz-Schraubendrehern verschiedener Größen mit in der

Werkzeugtasche sein. Bei den Kreuzschlitz-Drehern gibt es zwei Varianten: den Phillips-Kreuzschlitz (Kennzeichen PH) und den Pozidriv-Kreuzschlitz (Kennzeichen PZ). Letztere erkennt man an den kleinen Zähnen zwischen den Kreuzarmen. An den Schraubenköpfen kann man üblicherweise sehen, welche der beiden Varianten zu verwenden sind. Wählt man den falschen Schraubendreher, zerstört man damit schnell den Schraubenkopf. Ein kleiner Elektro-Schraubendreher ergänzt das Set. Eine Alternative sind Bit-Sätze mit einem Bit-Halter. In manchen Sets ist er als kleine Ratsche ausgeführt, in anderen als Schraubendreher-Griff. Diese Sets haben den Vorteil, dass meist auch schon Inbus- und Torx-Einsätze dabei sind.

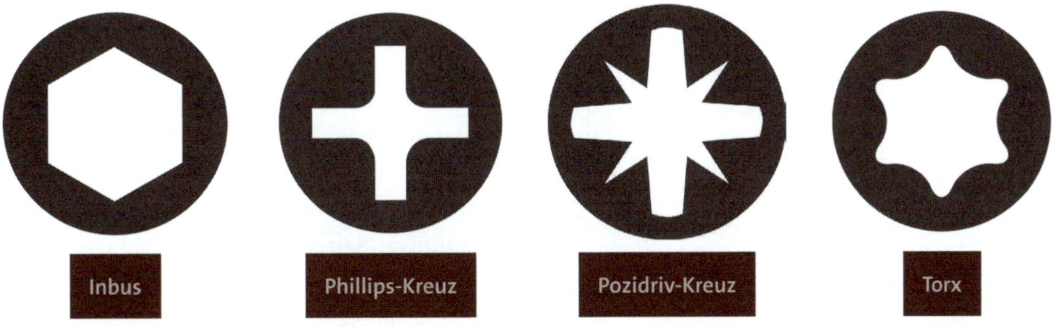

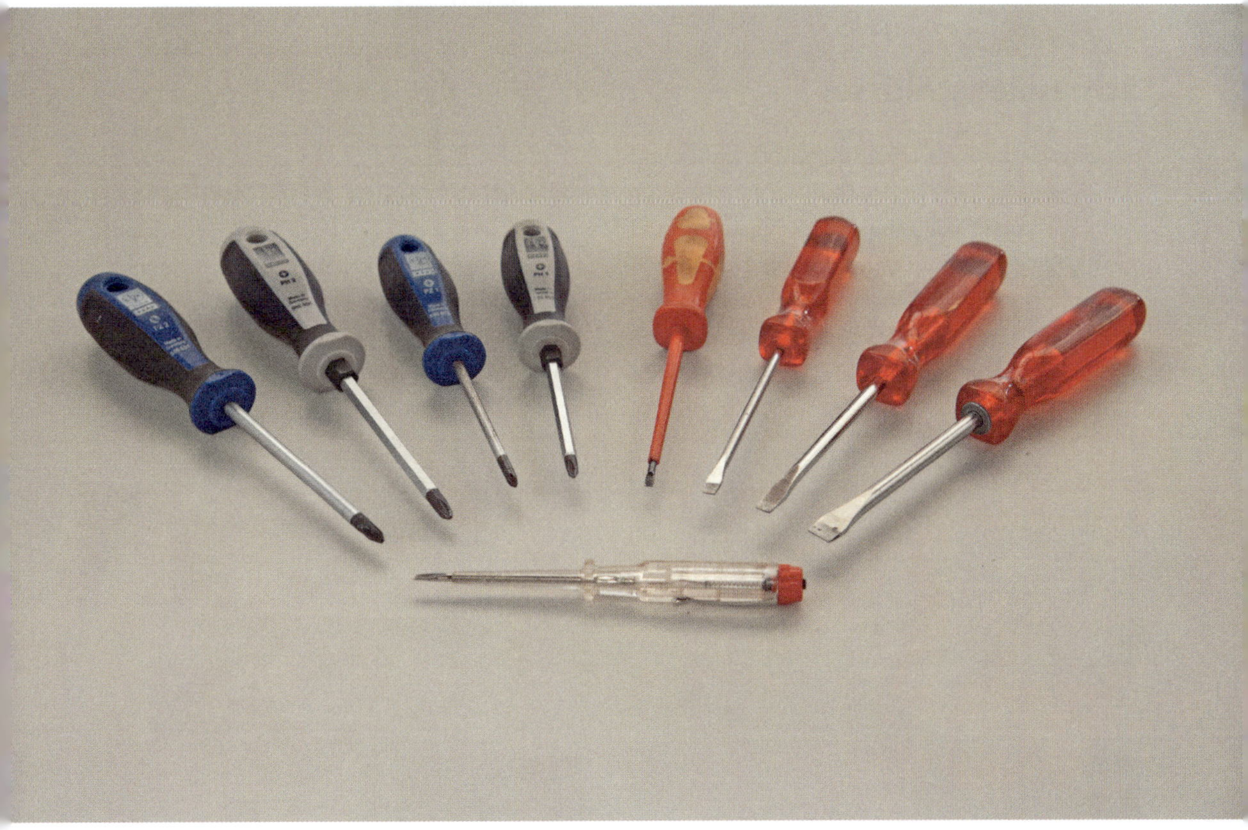

Inbus- und Torx-Schraubendreher

Gerade am Auto sind Schrauben oft nicht mit einem Sechskantkopf oder als Schlitz- oder Kreuzschlitzschraube ausgeführt. Oft findet man stattdessen Inbus- (Innensechskant-) oder Torx- (Innensechsrund-) Schrauben. Beide Versionen sind auch als Außensechskant beziehungsweise Außensechsrund zu finden, was aber seltener vorkommt. Auch wenn der Ratschenkasten oder das Bit-Set Inbus- und Torx-Einsätze enthält, kommt man oft mit einem Satz der jeweiligen Schlüssel besser zurecht. Auch hier darf es gern die bessere Qualität sein. Billige Schlüssel drehen sich gern schnell rund oder verdrehen sich sogar in sich selbst. Gerade die Inbus-Schlüssel vom Möbelhaus-Regal sollte man daher besser gleich in der Altmetall-Tonne „aufbewahren".

Schraubenschlüssel

Ein Satz Schraubenschlüssel gehört unbedingt ins Werkzeug-Set, wenn man unterwegs am Auto schrauben will oder muss. Ohne ihn geht nichts. Bei den Schraubenschlüsseln unterscheidet man grundsätzlich zwischen Maul- und Ringschlüsseln, wobei es von beiden Ausführungen unzählige Varianten gibt. Der an einer Seite offene Maulschlüssel ermöglicht es, den Schlüssel seitlich auf die Schraube oder Mutter zu stecken. Die leicht angewinkelte Form ermöglicht dabei, den Schlüssel bei schwer zugänglichen Muttern, die sich überdies auch nur ein kleines Stück drehen lassen, zu drehen und so wieder ansetzen zu können. Der Ringschlüssel muss dagegen von oben auf den Schraubenkopf gesteckt werden, was nicht immer möglich ist. Ist er mit einem Doppelsechskant-Profil versehen, greift er aber in mehreren Positionen und auch sicherer, was oft einen Vorteil gegenüber dem Maulschlüssel bietet.

Für das Bordwerkzeug-Set eignet sich ein Satz kombinierter Maul- und Ringschlüssel mit gekröpftem Kopf auf der Ringseite. Bei diesem Satz haben beide Seiten die gleiche Schlüsselweite. Benötigt man also für bestimmte Arbeiten zum Beispiel zwei 13er-Schlüssel, benötigt man einen zweiten Schlüssel. Alternativ kommt dafür die passende Nuss aus dem Ratschenkasten oder der Zangenschlüssel zum Einsatz.

Ratschen- oder Knarrenkasten

Auch der Ratschen-, Knarren, oder richtigerweise Steckschlüsselkasten ist für Arbeiten am Fahrzeug unerlässlich. Seine Bezeichnung hat er von dem Ratsche oder Knarre genannten Werkzeug,

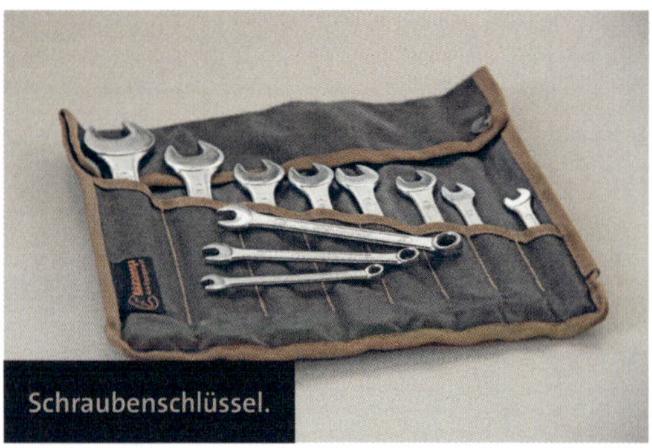

Schraubenschlüssel.

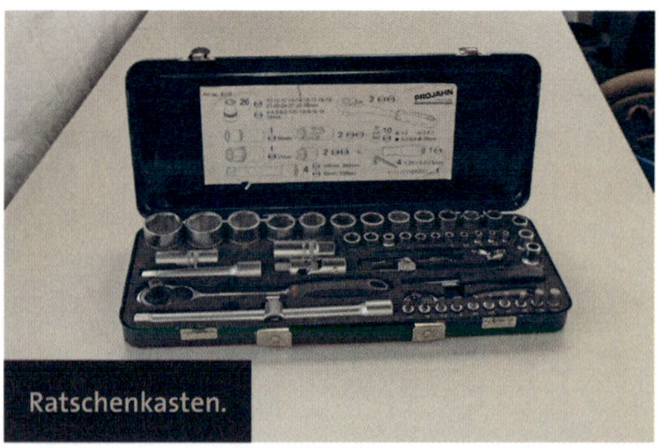

Ratschenkasten.

das die Basis bildet. Sie besteht aus einem Kopf mit einer Ratschen-Mechanik und dem Griff, der als Hebel fungiert. Durch die Ratschen-Mechanik lassen sich Schrauben und Muttern in eine Richtung drehen, während die Bewegung in die andere Richtung mit einem ratschenden Geräusch frei läuft. Auf den Ratschenkopf lassen sich auf einen Vierkant die sogenannten Nüsse aufstecken, die es ebenfalls in den verschiedenen Schlüsselweiten gibt. Der Vierkant wird in Zoll gemessen, die gängigsten Größen sind ¼, ⅜ und ½ Zoll. ¼ Zoll wird dabei für feinere Arbeiten verwendet (die Nussgröße reicht üblicherweise bis 13) und ½ Zoll für größere Schrauben. Die Größe ⅜ liegt dazwischen und für die ganz großen Kaliber sind noch ¾- und 1-Zoll-Ratschen erhältlich. Die dazu passenden Stecknüsse sind, ähnlich den Schraubenschlüsseln, sowohl im Zollmaß als auch in metrischen Größen erhältlich. Ein guter Steckschlüsselkasten für unterwegs beinhaltet eine ¼- und eine ½-Zoll-Ratsche mit dem jeweils dazugehörigen Stecknuss-Satz. Sind überdies noch verschiedene Aufsätze für Schlitz, Kreuzschlitz, Inbus- und Torxschrauben dabei, ist man ziemlich gut gerüstet.

Drehmoment-Ratsche

Für alle Muttern und Schrauben am Auto gilt, dass sie mit einem bestimmten Drehmoment befestigt werden, den die Ingenieure bei der Konstruktion des Fahrzeugs festgelegt haben. Sie alle im Kopf zu haben, ist unmöglich, und das Werkstatt-Handbuch, das Auskunft darüber gibt, wird kaum einer im Gelände dabei haben. Dennoch macht es Sinn, einen Drehmomentschlüssel dabeizuhaben. Denn einer alten Schrauberweisheit zufolge gilt: Nach fest kommt ab. Will heißen: Zieht man eine Schraube zu fest an, kann sie abreißen. Mit einer Drehmoment-Ratsche kann man dem entgegenwirken, da man mit ihr einen maximalen Anzugsdrehmoment einstellen kann. Ist der erreicht, klinkt die Ratsche mit einem Knacken aus. Informiert man sich vorab ein wenig über gängige Anzugsdrehmomente bei bestimmten Schraubengrößen und an bestimmten Bauteilen des Fahrzeugs, minimiert man das Risiko abgerissener Schrauben oder zu locker festgezogener Radbolzen.

Zangen

Stellt man sich im Baumarkt oder bei einem Werkzeughändler vor das Regal mit den Zangen, ist man oft überwältigt, welche Vielzahl an unterschiedlichen Zangen es gibt. Kaum ein Einsatzzweck, für den es nicht die passende Zange gibt, von den unterschiedlichen Größen ganz zu schweigen. Für das Bordwerkzeug sind vor allem folgende Zangen sinnvoll: Flachzange, Spitzzange, Sprengring-Zange, Seitenschneider und Zangenschlüssel. Eine Flachzange mit abgeknicktem Zangenkopf lässt sich dabei besser handhaben und man muss weniger Kraft aufwenden als bei einer Flachzange mit geradem Kopf. Mit einer Spitzzange mit Knick am Ende (Telefonzange)

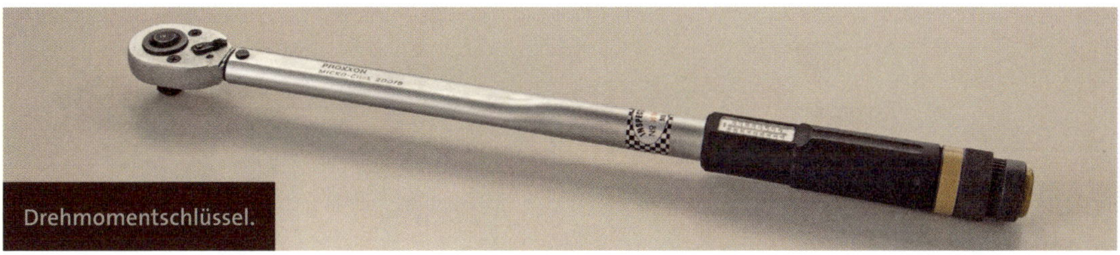

Drehmomentschlüssel.

kommt man auch an schlecht zugängliche Stellen, und sei es nur, um eine heruntergefallene Mutter aus dem Motorraum zu fischen. Mit der Sprengringzange lassen sich Spreng- oder Seegerringe leicht lösen. Von diesen Ringen finden sich in einem Fahrzeug jede Menge, wenn sie auch nicht alle an auf den ersten Blick zu sehen sind, da sie tief in Motor, Getriebe oder sonstigen Teilen versteckt sind. Der Seitenschneider ist nicht nur praktisch, um Kabel zu kürzen, sondern auch das beste Werkzeug, um Kabelbinder aufzuschneiden. Wer etwas mehr Auswahl haben will, nimmt noch eine Rohrzange mit.

Zangenschlüssel

Der Zangenschlüssel sieht ähnlich aus wie eine Rohrzange, die Backen schließen sich aber parallel. Dadurch kann er auch wie ein Schraubenschlüssel genutzt werden, den er aber nicht ersetzt. In vielen Fällen ist er aber hilfreich, gerade wenn es gilt, eine Mutter oder ein anderes Bauteil fest einzuklemmen oder zu kontern. Den Zangenschlüssel gibt es in mehreren Größen und mittlerweile auch von verschiedenen Herstellern.

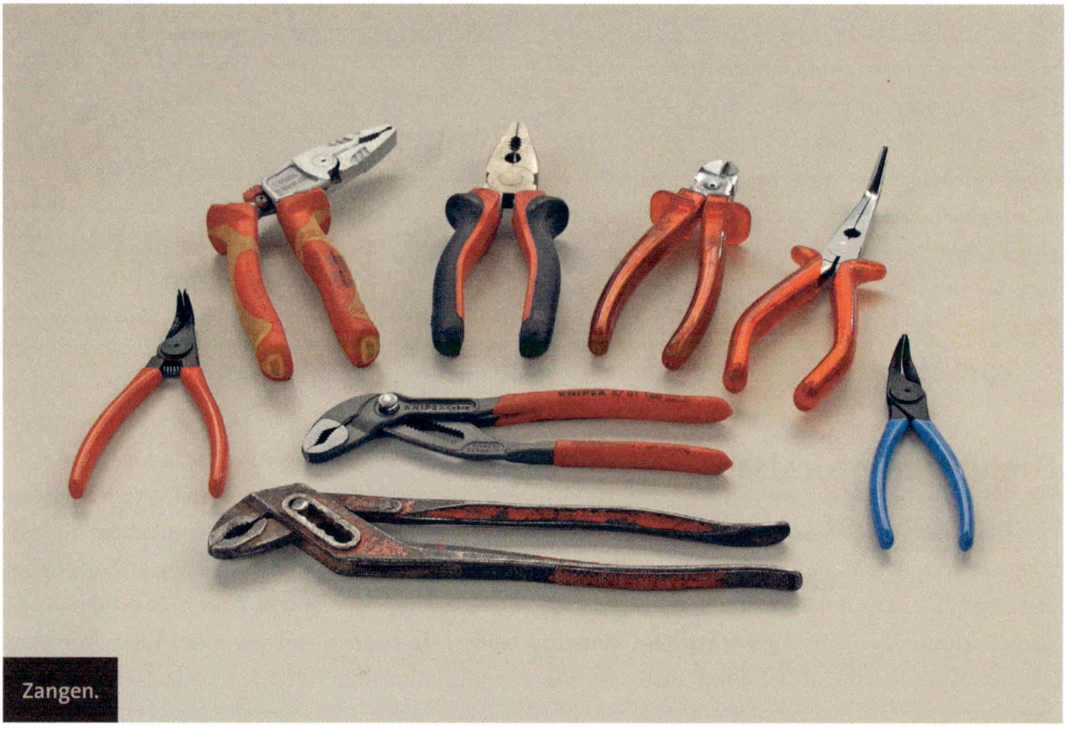

Zangen.

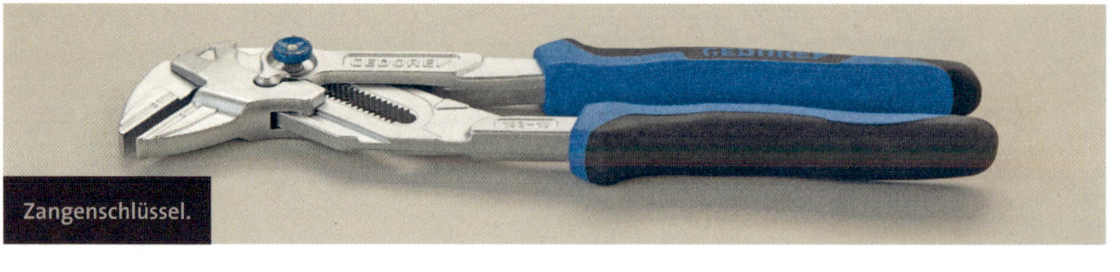

Zangenschlüssel.

Hammer

Es gibt immer irgendetwas, auf dem man mit etwas Nachdruck „rumkloppen“ muss. Für unterwegs eignen sich dafür ein Metallhammer und ein Gummi- und Kunststoffhammer, ein sogenannter Schonhammer, mit zwei unterschiedlich festen Seiten. Eine Alternative ist ein Schonhammer, bei dem die Köpfe aufgeschraubt sind. Bei einem Exemplar mit zusätzlichem Metallkopf erübrigt sich der zweite Hammer.

Metallsäge

Muss man Schrauben kürzen oder verbogene und abstehende Fahrzeugteile absägen, hilft eine Metallsäge weiter. Sie muss nicht groß sein, sollte aber einen guten Griff haben. Ein paar Ersatz-Sägeblätter sollten ebenfalls dabei sein, denn mit einem stumpfen Sägeblatt kommt man nicht sehr weit oder hat lange zu tun.

Brecheisen

Sind Teile der Karosserie verbogen oder muss nach einem Unfall eine Tür aufgebrochen werden, hilft ein Brecheisen weiter. Hier gilt die alte Handwerkerweisheit: Es wächst des Meisters Kraft, wenn er mit dem Hebel schafft. Von daher wäre ein sehr langes Brecheisen ideal. Für die meisten Arbeiten reicht aber auch eine kleinere Version. Außerdem kann ein Brecheisen bei manchen Montagen hilfreich sein. Wenn zum Beispiel der Riemen der Lichtmaschine gespannt werden muss, kann man den Generator damit in Position ziehen, bis er festgeschraubt ist. Dafür eignet sich aber auch ein Montiereisen.

Montiereisen

Montiereisen benötigt man vor allem, wenn im Gelände ein Reifen von der Felge gesprungen ist, was bei niedrigem Luftdruck durchaus passieren

Brecheisen.

Hammer.

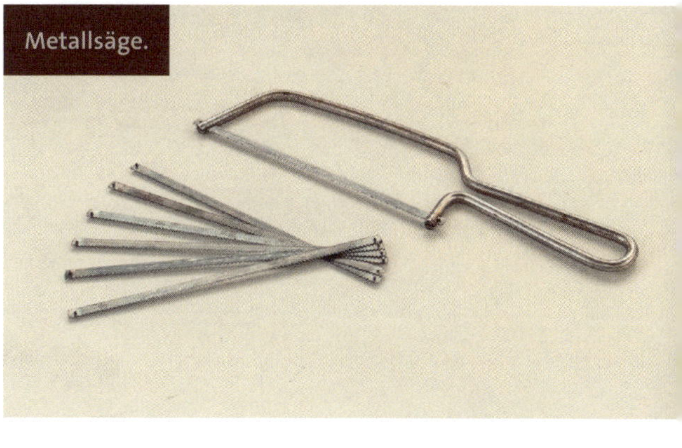

Metallsäge.

kann. Um den Reifen dann wieder auf die Felge zu bekommen, benötigt man zwei Stück. Mit dem einen lässt sich der Reifen in Position halten, mit dem anderen Stück für Stück zurück in die Felge drücken. Im Gegensatz zum Brecheisen sind die Kanten des Montiereisens rund geschliffen, was ungewollte Beschädigungen vermeidet. Das Montiereisen lässt sich aber auch für viele Arbeiten verwenden, bei denen man etwas Hebelkraft benötigt.

Drahtbürste

Motor, Getriebe, Fahrwerk und sonstige Teile am Fahrzeug werden im Gelände schnell dreckig. Kommt dann noch Öl hinzu, hat man schnell eine dicke Schicht braunschwarze, zähe Paste dort sitzen, wo man ausgerechnet mit dem Schraubenschlüssel ranmuss. Mit einer Drahtbürste lässt sich zumindest der grobe Dreck beseitigen. Dem Rest kann man dann mit Bremsenreiniger und Lappen zu Leibe rücken. Aber auch Rost an Schrauben und Muttern lässt sich mit einer Drahtbürste gut beseitigen. Hat man das Gröbste runter, wird die Schraube noch mit Kriechöl oder Rostentferner eingesprüht, das man einen Moment wirken lässt.

Stab- oder Taschenlampe

Mit einem ungewollten Schraubereinsatz ist es mitunter ein wenig wie mit einem garstigen Wasserrohrbruch. Will das Schicksal einen ärgern, tritt er zwischen dem ersten und zweiten Weihnachtsfeiertag mitten in der Nacht auf. Ist die Schicksalsgöttin missgünstig gestimmt und wähnt einen auf einer Geländetour, schickt sie statt dem Rohrbruch eine Autopanne – natürlich bei Nacht, Regen und Kälte. Gut, wenn man jetzt wenigstens eine helle Arbeitslampe dabei hat, die auch möglichst lange für Licht sorgt und nicht nach wenigen Minuten zu flackern be-

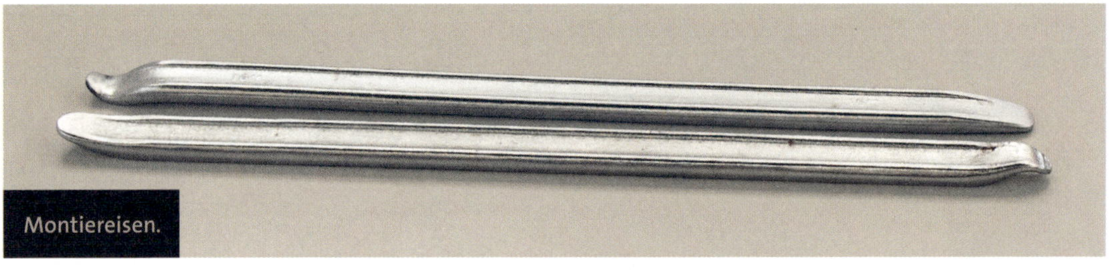

Montiereisen.

Drahtbürste.

ginnt und ausgeht. Mittlerweile sind LED-Werkstatt- oder -Arbeitsleuchten und LED-Taschenlampen die beste Wahl, da sie wenig Strom benötigen, lange Einsatzzeiten haben und das Licht nicht mehr so diffus wie in den Anfangstagen der LEDs ist.

Akkuschrauber und Metallbohrer-Sortiment

Der Akkuschrauber im Bordgepäck mag als Luxus erscheinen. Muss man jedoch zum Beispiel Löcher ins Metall zu bohren, weil man einen halb abgerissenen Kotflügel mit Kabelbindern fixieren will, ist man froh, ihn dabei zu haben. In jedem Fall sollte man ein oder zwei geladene Ersatz-Akkus dabei haben. Hat man zusätzlich einen 230-Volt-Spannungswandler im Fahrzeug, lohnt es sich sogar, auch das Ladegerät mitzunehmen.

ResQTape

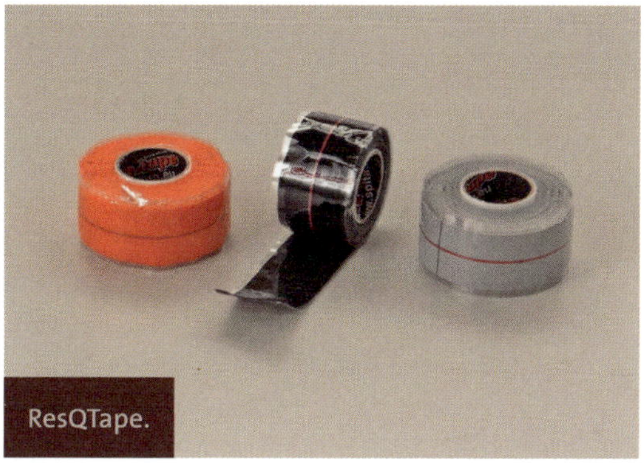
ResQTape.

Das ResQTape ist kein Werkzeug im klassischen Sinn, gehört aber definitiv ins Unterwegs-Werkzeug-Set. Mit dem selbstverschweißenden Silikonband lässt sich jede Menge reparieren, da es vielseitig verwendet werden kann. Es ist hitzebeständig, hält hohen Druck aus, ist wasserfest und isolierend. Mit ihm lässt sich also der kaputte Auspuff flicken, das blanke Kabel isolieren und der geplatzte Kühlerschlauch oder die Druckluft-Leitungen am LKW abdichten. Man kann es aber auch verwenden, um das Tropfen am undichten Spülbecken-Abfluss des Allrad-Reisemobils abzustellen.

Kabelbinder

Kabelbinder sind sowas wie die Universalgenies im Werkzeugkasten. Sie lassen sich für alle möglichen und unmöglichen Zwecke nutzen, zur Not sogar als Ersatz-Schnürsenkel. Diese muss man dann allerdings aufschneiden, wenn man die Schuhe wieder ausziehen möchte. Baumärkte und Discounter bieten immer wieder für wenig

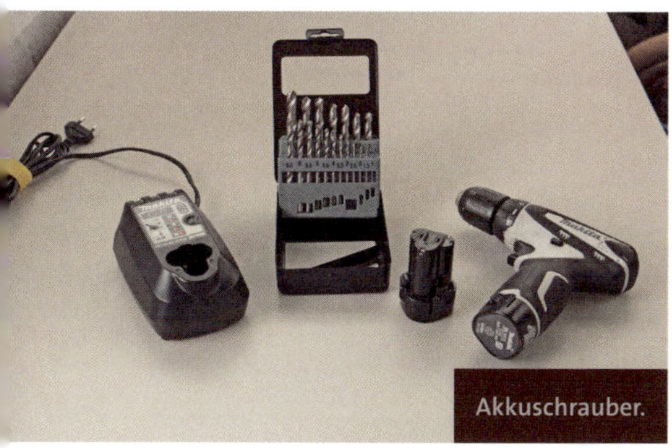
Akkuschrauber.

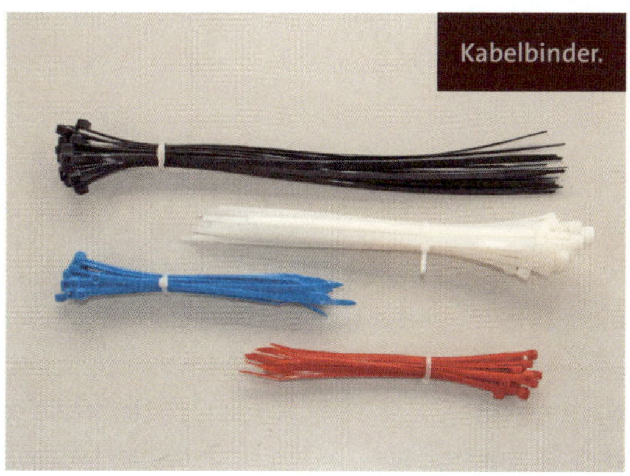
Kabelbinder.

Sicherungen.

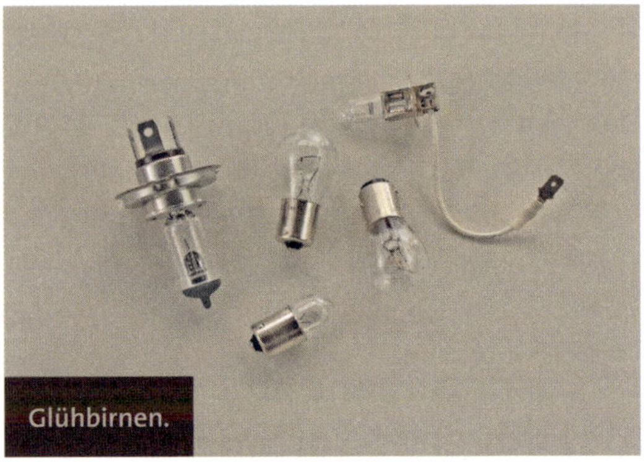
Glühbirnen.

Geld Sets mit verschiedenen Größen in einem Beutel an. Entdeckt man so ein Angebot: Beutel kaufen und im Kofferraum deponieren. Die nächste Gelegenheit für einen Kabelbinder-Einsatz kommt bestimmt.

Sicherungen

Selbst wenn es in der Fahrzeugelektrik keinen Kurzschluss oder klar erkennbaren Fehler gibt – eine Sicherung ist schnell mal durchgebrannt. Hat man keinen Ersatz dabei, steht man schnell dumm da und muss darüber nachdenken, ob man jetzt die vom Scheibenwischer oder die von der Hupe zieht und als Ersatzsicherung für den Blinker nimmt. Ein Satz Sicherungen kostet nicht viel, ist sogar im Baumarkt in der Auto-Abteilung zu bekommen und nimmt im Handschuhfach nicht wirklich viel Platz weg. Also kaufen und ins Auto legen.

Ersatzbirnen

Was für die Sicherungen gilt, gilt auch für die Glühbirnen oder Leuchtmittel, wie sie korrekt bezeichnet werden. Was früher etwas einfacher war, ist heute durchaus etwas komplizierter. Gab es früher zwei Typen für die Hauptscheinwerfer, einen für Rück- und Bremsleuchte und einen für die Blinker, die in allen Autos passten, muss man heute vorab schauen, was der Hersteller für Fassungen und Birnen verwendet hat. Hierüber kann aber im Zweifelsfall der Händler Auskunft geben.

Handschuhe

Für viele Arbeiten sind Handschuhe unverzichtbar. Sie schützen die Hände vor scharfen Kanten und somit vor Verletzungen. Außerdem kann man in manchen Situationen mit Handschuhen besser zupacken. Auch Öl und Dreck sind am Handschuh besser aufgehoben als auf der blanken Hand, da man den Handschuh einfach ausziehen kann, bevor man sich wieder ans Lenkrad setzt. Wichtig ist jedoch für manche Arbeiten eine gute Passform. Liegt der Handschuh eng an, hat man mehr Gefühl für knifflige Arbeiten.

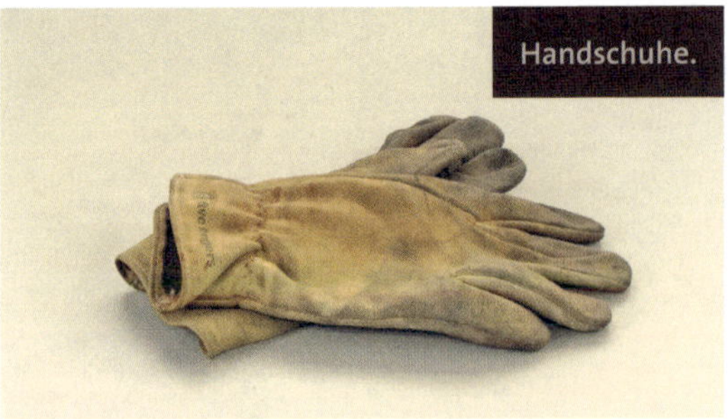
Handschuhe.

Öle.

Kriechöl und Bremsenreiniger

Caramba, WD40, Ballistol oder MoS2 sind die gängigsten Markennamen für die Gruppe der Kriechöle, Kontaktsprays oder Rostlöser. Welches das Beste davon ist, darüber könnte man wohl Glaubenskriege führen, zumindest aber bis tief in die Nacht am Lagerfeuer diskutieren. Fest steht: Irgendeine dieser Spraydosen gehört mit ins Bordwerkzeug.
Etwas einfacher ist es beim Bremsenreiniger. Hier ist es relativ egal, welchen Hersteller man wählt, Hauptsache man hat auch hiervon eine Dose dabei, denn nichts reinigt ölverschmierte und schmutzige Teile besser als Bremsenreiniger.

Cuttermesser oder scharfes Taschenmesser

Der Moment, an dem man irgendwas ab- oder zuschneiden muss, kommt auch unterwegs irgendwann unweigerlich – immer! Gut also, wenn man ein gutes und vor allem scharfes Messer zur Hand hat. Das Taschenmesser lässt sich außerdem noch nutzen um ein Stück Brot, Wurst oder Käse abzuschneiden.

Stabiler Draht

Eine Rolle mit stabilem Draht dabei zu haben, ist nie verkehrt. Irgendwas lässt sich damit immer „zusammentüdeln".

Voltmeter

Das Voltmeter ist etwas für die, die ein wenig vom Thema Elektrik verstehen und beim Begriff Spannung nicht ausschließlich an den letzten Action-Streifen im Kino denken, und die Ampere nicht für einen französischen Spitzengastronom oder Politiker halten. Gerade wenn der Geländewagen etwas älter und noch nicht mit moderner Technik vollgestopft ist, kann man manchem Stromproblem mit einem Voltmeter auf die Schliche kommen. So lässt sich zum Beispiel bestimmen, welches Kabel an einem defekten Schalter mit Plus oder Minus belegt ist, und man hat eine Chance zu überbücken, ohne gleich einen Kabelbrand zu verursachen.

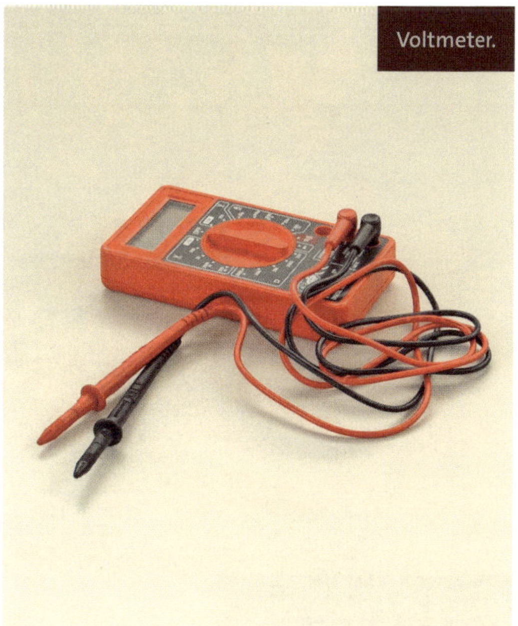
Voltmeter.

Abisolier-, Kabel- oder Crimpzange

Zum Festquetschen der Kabelschuhe verwendet man am besten eine Kabel- oder Crimpzange. Mit der Kabelzange lassen sich gleich noch die Kabelenden abisolieren, eine spezielle Crimpzange schafft meist eine bessere Quetschverbindung. Bei der Kabelzange reicht eine günstige Zange, wie sie in vielen Sets zusammen mit Kabelschuhen angeboten wird, wenn man sie nur gelegentlich nutzt. Verlegt man öfter Kabel, weil man zum Beispiel das Allrad-Reisefahrzeug selbst ausbaut, lohnt sich der Kauf einer ordentlichen Kabel- oder Crimpzange.

Seitenschneider

Meist verfügen auch Kombizangen, Multitools oder die verschiedenen Kabelzangen über eine Seitenschneiderfunktion, mit einem Seitenschneider kommt man aufgrund des spitz zulaufenden Endes jedoch meist besser an enge Stellen.

Kabel

Ein paar Meter Kabel sind nützlich, um bei Bedarf schnell eine Leitung zu ziehen, wenn es irgendwo etwas anzuschließen oder zu überbrücken gilt. Das Kabel muss aus verschiedenen Kupferlitzen bestehen, und die Kabel für Plus und Minus müssen bei einem Anschluss den gleichen Kabelquerschnitt aufweisen. Als eine Art Universalkabel im Auto kann man ein Kabel mit einem Querschnitt von 2,5 Quadratmillimeter nehmen, für größere Verbraucher sollten es dann 6 Quadratmillimeter sein. Eine Seilwinde

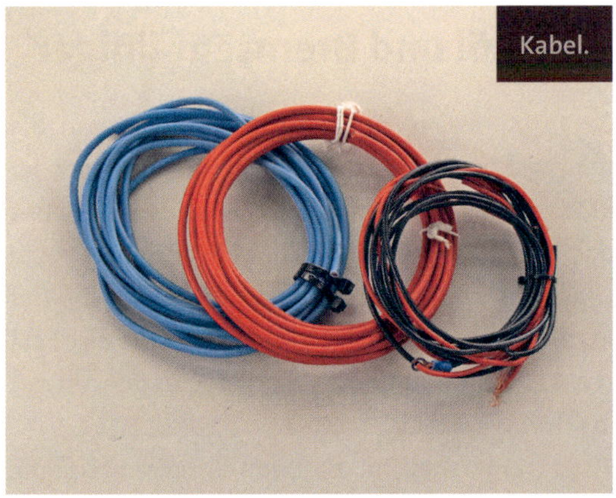

Kabel.

Zangen für Elektroarbeiten.

muss jedoch mit noch dickeren Kabeln angeschlossen werden. Will man auf der sicheren Seite sein, besorgt man sich eine Tabelle, die Aufschluss über die benötigten Querschnitte von Kabeln bei bestimmten Stromstärken und Kabellängen gibt.

Kabelschuhe

Kabel kann man zwar mit Lüsterklemmen verbinden, im Auto verwendet man dafür jedoch Kabelschuhe. Auch sie sind für verschiedene Kabelquerschnitte erhältlich und meist farblich gekennzeichnet. Außerdem sind sie in verschiedenen Ausführungen zu bekommen. Bei manchen bleibt die Verbindung der Stecker blank, bei anderen wird sie abgedeckt. Die Kabelschuhe werden auf die blanken Kabelenden gesteckt und mit einer Kabel- oder Crimpzange festgequetscht.

Schrumpfschlauch

Soll eine Kabelverbindung möglichst gut abgedichtet sein, zieht man einen Schrumpfschlauch drüber. Dieser Schlauch zieht sich zusammen, wenn er erwärmt wird und dichtet so die Verbindung und das Kabel ab. Zum Erwärmen kann man unterwegs ein Feuerzeug nutzen, sollte aber dabei darauf achten, dass man weder den Schlauch noch das Kabel anschmort. Ein wenig Abstand zur Flamme verursacht zwar meist etwas Ruß auf dem Schlauch, ist aber die sicherere Methode.

Spezielle Werkzeuge

Je nach Fahrzeug gibt es ein paar Werkzeuge, die man vor allem auf längeren Touren ins Ausland dabeihaben sollte, auch wenn man sie selbst nicht benutzen kann. So gibt es beispielsweise bei neueren Mercedes-G-Modellen einen speziellen Schlüssel für den Deckel des Ölfilters. Der Filter ist bei diesem Wagen nicht mehr die klassische, angeschraubte Blechdose, sondern das Filterelement sitzt unter besagtem Deckel am Motor. Der Deckel lässt sich mit einem herkömmlichen Werkzeug für Ölfilter jedoch nicht zerstörungsfrei öffnen. Hat man diesen Schlüssel dabei, kann auch der Buschmechaniker, der dieses Werkzeug aller Wahrscheinlichkeit nach nicht haben wird, problemlos einen Filterwechsel durchführen. Den passenden Filter packt man dann am besten auch gleich mit ein.

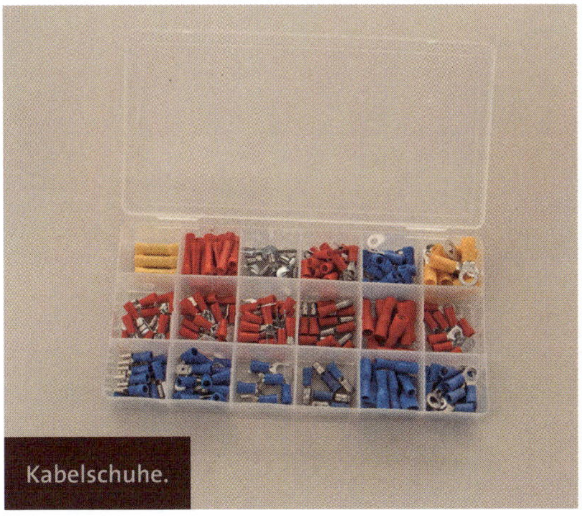

Kabelschuhe.

Schrumpfschlauch.

Es lohnt sich also, sich zu informieren, welche Spezialwerkzeuge man für das eigene Fahrzeug benötigt. Dabei kann es sich zum Beispiel um Werkzeuge für den Wechsel der Kreuzgelenke handeln oder auch nur um spezielle Schraubenschlüssel-Größen, die sich üblicherweise in keinem Schlüsselsatz oder Ratschenkasten befinden.

Ersatzteile

Eine alte Weisheit sagt, dass immer das kaputt geht, was man nicht dabei hat. Dennoch sollten bei längeren Touren vor allem Verschleißteile oder Teile, von denen bekannt ist, dass sie bei einem bestimmten Fahrzeugtyp häufig den Dienst verweigern, mit im Gepäck sein. Dazu gehören Dinge wie Keil- und Zahnriemen, Ölfilter, eventuell Bremsklötze und -beläge aber auch Kreuzgelenke sowie eine Auswahl an Schrauben und Muttern. Übertreiben sollte man es dabei jedoch nicht. Die Ersatzteilkiste sollte von der Größe her in einem vernünftigen Maß bleiben. Ist man länger unterwegs, kann man auch darüber nachdenken, ob man jemanden zu Hause hat, der daheim gelagerte oder schnell besorgte Teile per Express schicken kann. Für manche Fahrzeuge bieten einige Firmen diesen Service auch professionell an.

Aufbewahrung und Arbeitsunterlage

Natürlich muss das Werkzeug für unterwegs irgendwo verstaut werden. Große Werkzeugkästen aus festem Material wie Blech oder Kunststoff sind jedoch meist schlecht zu verstauen und nehmen Platz weg. Um das Bordwerkzeug angemessen unterzubringen, eignen sich flexible Taschen gut, wie etwa die Tool-Roll von Nakatanenga. Die einzelnen Taschen im Stil von Faulenzer-Mäppchen lassen sich ankletten. So kann man die Basisrolle individuell je nach Tour oder Anforderung bestücken und unterwegs auch schnell eine Tasche abkletten, um sie jemandem zu geben. Die unterschiedlichen Werkzeugtypen wie Schraubendreher oder Zangen lassen sich in einzelne Taschen sortieren und so schneller finden als in einer große Tasche oder einem Koffer, in dem alles lose aufbewahrt wird.
Muss man unter den Auto arbeiten oder Schrauben und Fahrzeugteile sauber weglegen, sind das Mechanik-Tarp und das Mechanik-Tray aus Lkw-Plane eine gute Hilfe. Das Tray verfügt in der Mitte sogar über zwei Magnete, die Schrauben und Muttern festhalten, damit man sie nicht verliert.

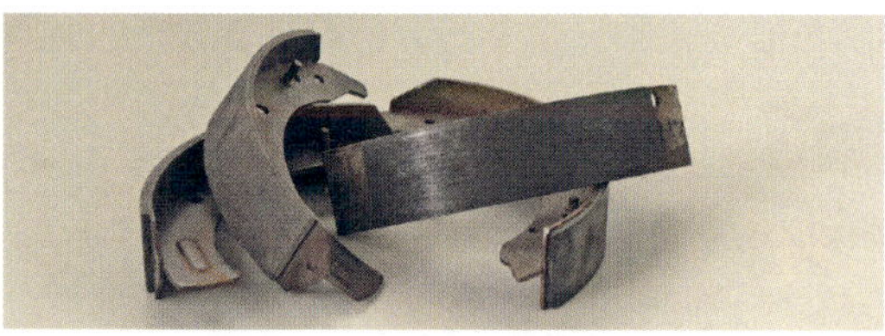

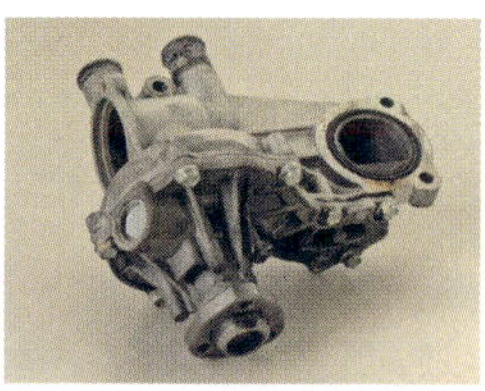

Ersatzteile.

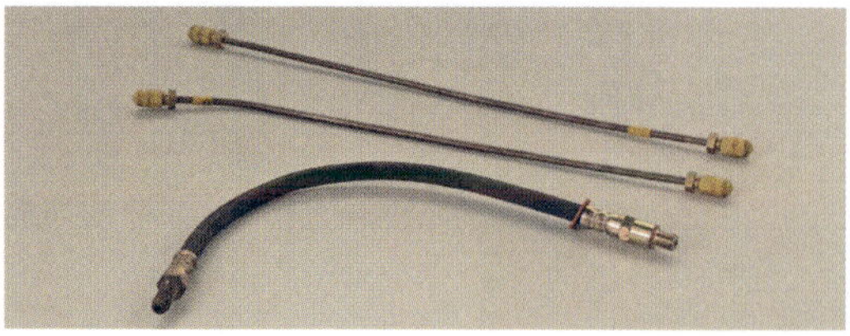

Offroad-Ethics

- Fahrstrecken
- Müll und Abfälle
- Kraftstoffe und Öle
- Natur und Bergung
- Übernachtung
- Lagerfeuer
- Verantwortungsvolles Handeln

Geländewagenfahrer sind nicht überall und von jedem gern gesehen. Zu groß das Fahrzeug, zu hoch der Spritverbrauch, und obendrein sind sie noch dort unterwegs, wo man – nach Meinung einiger Zeitgenossen – nicht unterwegs sein sollte: nämlich im Gelände. Umso wichtiger ist es, ein paar Regeln für den verantwortungsvollen Umgang mit Natur und Umwelt einzuhalten.
Laut Bibel empfing Moses von Gott auf dem Berg Sinai zehn Gebote. Sie sollten dazu dienen, das menschliche Zusammenleben in geordnete Bahnen zu lenken und von allen respektierte Grundwerte zu bilden. Nach diesen zehn Geboten kann man sich auch heute noch problemlos richten und damit die Basis für ein friedliches Miteinander legen.
Und so lassen sich auch zehn einfach Regeln für das Fahren in der Natur festlegen. Sich nach ihnen zu richten und auch sonst umsichtig zu agieren, wenn man sich mit dem Fahrzeug abseits befestigter Straßen bewegt, hilft letztlich allen Offroadern. Denn unser Ruf leidet durch diejenigen, die uneinsichtig und gedankenlos dort fahren, wo man eben nicht fahren sollte und sich so verhalten, wie man sich eben nicht verhalten sollte.
Sicher, man hört dann immer wieder den Spruch: Idioten gibt es immer. Und da stellt sich die Frage: Will man selbst einer sein?

Die zehn Offroad-Gebote:

1. Nicht über Wiesen, Weiden oder Äcker fahren. Sie gehören jemandem, der sein Geld damit verdient. Sie zu zerstören ist tabu.

2. Keine Privatwege oder -grundstücke ohne Erlaubnis des Besitzers befahren. Sie zu befahren ist ein Eingriff in das private Eigentum eines anderen Menschen.

3. Keine Waldwege befahren, nicht mitten durch den Wald fahren. Abgesehen davon, dass das Bundeswaldgesetz das Befahren untersagt, stört es die im Wald lebenden Tiere. Ausnahmen sind zur Jagd, zur Waldpflege oder dem Abtransport von Holz auf eigener Pacht, Grundstücken und mit entsprechender Erlaubnis natürlich gestattet.

4. Keine Feldwege befahren, die nicht dafür freigegeben sind. Auch wenn es reizt und die Wege mit Geländewagen problemlos befahrbar sind: Wenn ein Schild das Befahren untersagt, ist das zu respektieren. Dass das Schild dort steht, hat seinen Grund.

5. Keinen Müll hinterlassen. Was man mit in die Natur hineinnimmt, nimmt man auch wieder mit hinaus. Müll wird in entsprechenden Tonnen und Behältern entsorgt und nicht in der Natur.

6. Bindemittel für Öle und Kraftstoffe dabeihaben und nur mit Fahrzeugen unterwegs sein, die keine Flüssigkeiten verlieren. Die Schäden an Natur und Umwelt können immens sein. Daher sind austretende Kraftstoffe, Öle und Flüssigkeiten sofort aufzufangen oder zu binden.

7. Beim Winchen stets einen Baumgurt nutzen. Wird lediglich das Seil um den Baum gelegt und der Seilhaken ins Seil eingeklinkt, beschädigt das nicht nur die Rinde, sondern auch das Seil.

8. Nicht an Plätzen übernachten, die nicht dafür vorgesehen sind. Wildcampen ist in Deutschland und weiten Teilen Europas nicht gestattet. Auch diese Regel sollte man respektieren.

9. Kein Lagerfeuer an Plätzen entfachen, die nicht dafür freigegeben sind. Gerät das Feuer außer Kontrolle, ist die Gefahr eines Flächen- oder Waldbrands gegeben. Hier besteht Gefahr für Leib und Leben von Pflanzen, Tieren und Menschen.

10. Erst denken, dann fahren. Keine unüberlegten und übermütigen Aktionen durchführen. Sie enden meist schlecht für die Umwelt, das Fahrzeug und die Besatzung oder umstehende Personen.

Natürlich lässt sich diese Liste noch um ein paar Dinge speziell für Offroad-Reisende erweitern. Zum Beispiel, dass man seine Chemie-Toilette nicht in der Natur entsorgt oder dass man einen Übernachtungsplatz möglichst so verlässt, wie man ihn vorgefunden hat – sofern man ihn ohne Müll und Hinterlassenschaften vom Vorgänger vorgefunden hat.

Abfall wird niemals achtlos in der Landschaft entsorgt! Es ist kein Problem, ihn im Fahrzeug bis zum nächsten Abfalleimer mitzunehmen.

Nachwort

„Alle Theorie ist grau", besagt ein altes Sprichwort. So ist es auch mit dem Fahren im Gelände, liebe Leser. Auch wenn in *Driving off the Road* die wichtigsten Themen für das Fahren abseits der Straße abgehandelt sind: Selbst wenn man das Buch intensiv studiert und sogar Teile daraus auswendig lernt, wird man nicht zum Offroad-Profi.

Daher an dieser Stellen noch einmal mein eindringlicher Rat, ein professionelles Training zu besuchen. Das Fahren auf der Straße hat man auch nicht allein durch das reine Pauken der Theorie gelernt. Erst die Mischung von Theorie und Praxis und eine erfolgreich absolvierte Prüfung hat zum begehrten „Lappen" geführt. Und das ist auch gut so. Warum sollte es also beim Fahren im Gelände anders sein?

Vergleichen wir das gerade mit den Handwerksberufen, erkennen wir auch hier, dass Theorie und Praxis sich ergänzen. Und nicht umsonst witzeln Handwerker gern mal: „Der Unterschied zwischen Theorie und Praxis ist in der Praxis meist größer als in der Theorie."

Im Gegensatz zu den klassischen Fahrschulen gelten für Offroad-Fahrschulen jedoch keine definierten Regeln und es wird auch keine Prüfung abgelegt. Deshalb variieren die Trainings leicht von Anbieter zu Anbieter. Dennoch haben sie alle etwas gemeinsam: Trainer, die wissen, was sie tun, erklären und erläutern den Teilnehmern die jeweilige Situation und helfen dabei, die einzelnen Stationen zu meistern. Am Ende der Veranstaltung wissen die Teilnehmer sich und das Fahrzeug einzuschätzen und sind oft erstaunt, was der eigenen Wagen alles kann.

Probiert man das auf eigene Faust, kann das schnell schiefgehen. Dennoch ist die Theorie wichtig. Sie wird zwar in den Fahrseminaren meist auch vermittelt, jedoch gibt es bei den Anbietern in der Regel keine „Literatur" dazu, die man sich zu Hause noch einmal zu Gemüte führen kann. Und genau hier setzt *Driving off the Road* an. Es bietet die Möglichkeit, sich vor einem Training schon einmal mit den Themen zu befassen, sodass den Trainern und Trainerinnen gezielt Fragen gestellt werden können. Es eignet sich aber auch dazu, im Nachhinein verschiedene Aspekte nachzulesen und zu rekapitulieren. Und es bietet sich natürlich auch ideal an, immer mal wieder nachzuschlagen, wenn man sich irgendwann fragt: „Wie war das nochmal?"

Egal, wann und wo ihr irgendwo im Gelände unterwegs seid, liebe Leser: Ich wünsche euch viel Spaß dabei und immer die berühmte Handbreit Luft unter dem Diff.

Euer
Michael Scheler

Anbieter Offroad-Trainings*:

- 4x4-Adventures – www.4x4-adventures.com
- Abenteuer4x4 – www.abenteuer4x4.com
- Allrad Event (auch Allrad-Reisemobiltraining) – www.allrad-event.de
- Markom (auch Allrad-Reisemobiltraining) – www.gelaendefahrschule.de
- Red Rock Adventures (auch Spezial-Pickup-Training) – www.reroad.de
- Land Rover Experience Center (mit LR-Fahrzeugen des Experience-Center) – www.land-rover-experience.de
- Offroad Akademie – www.offroad-akademie.eu
- Offroad-Training und Offroad-Winterfahrtraining am Red Bull Ring in Österreich (Spielberg) – www.redbullring.com/de/erlebnisse/fahrerlebnisse/de/offroad-eigenes-fahrzeug
- Zweistündiges Grundseminar sowie Seilwindenkurs im Rahmen des 4x4action Weekend (jeweils Mitte September) in Österreich am Red Bull Ring (weitere Fahrmöglichkeiten) – wieland-verlag.com/events/

*In Deutschland finden sich noch weitere Anbieter, deren Trainings ich jedoch nicht kenne. Daher kann und will ich an dieser Stelle keine Empfehlung dazu abgeben.

Nakatanenga
4x4-Equipment
Inh. Peter Hochsieder e. K.
info@nakatanenga.de
www.nakatanenga.de
DEIN OFFROAD-AUSRÜSTER
FÜR FAHRZEUG & REISENDE

WEITERE INTERESSANTE BÜCHER DES AUTORS

»Das große 1x1 des 4x4« ist das erste Buch, das eine umfassende Erklärung der Begriffe aus der Offroad- und 4x4-Welt gibt. Die Begriffe sind thematisch sortiert, ein alphabetisches Stichwortverzeichnis am Ende des Buches erleichtert die Suche nach einzelnen Begriffen.

232 Seiten, 320 Abbildungen, 170 x 240 mm

ISBN 978-3-613-50935-1

€ 32,– / € (A) 32,90

Dieses Notfallkochbuch vermittelt das komplette Knov how, um sich bestmöglich auf schwierige Zeiten vorzubereit Angefangen bei Lebensmittel die man bevorraten sollte, bis hin zur notwendigen Ausrüstu zum Kochen ohne Strom.

128 Seiten, 120 Abbildungen, 140 x 205 mm

ISBN 978-3-613-50944-3

€ 16,– / € (A) 16,50

Leseproben zu allen Titeln auf unserer Internetseite

pietsch

Stand November 2023
Änderungen in Preis und Lieferfähigkeit vorbehalten.

Überall, wo es Bücher gibt, oder unter
WWW.MOTORBUCH-VERSAND.DE
Service-Hotline: 0711 / 78 99 21 51
www.instagram.com/pietsch_adventu